机电专业计算机控制技术

王兴波　王　珏　编著

清华大学出版社
北京

内 容 简 介

本书主要根据机电控制的特征，结合机电专的学生在电子、控制与计算机程序设计方面的基础，从工程应用的层面，按照"宏观做架构、微观做设计"的原则，介绍了计算机控制技术的系统组成、设计原理、开发过程和理论升华的基本知识。

全书基于对计算机控制技术的认识、了解、掌握、应用、深化五个层次，以机电控制的问题为引导、解决问题为驱动，阐述了机电专业计算机控制技术的目的和任务、机电控制的核心、计算机控制系统的组成、计算机控制系统设计要素与要点、典型的计算机控制方法及计算机控制理论的初步知识。书中以系统设计为目标，以解决机电控制的运动控制问题为终点，采用系统设计与开发相结合的手段，涵盖了电子设计软件应用等知识。

在材料组织上，本书注重系统设计思想与架构，而忽略详细设计说明方面的内容，适合机电专业学生作为计算机控制技术的教材使用，也适合工程技术人员参考阅读。

本书封面贴有清华大学出版社防伪标签，无标签者不得销售。

版权所有，侵权必究。举报：010-62782989，beiqinquan@tup.tsinghua.edu.cn。

图书在版编目(CIP)数据

机电专业计算机控制技术/王兴波，王珏编著. —北京：清华大学出版社，2022.9
ISBN 978-7-302-61535-4

Ⅰ. ①机… Ⅱ. ①王… ②王… Ⅲ. ①机电工程—计算机控制 Ⅳ. ①TH

中国版本图书馆 CIP 数据核字(2022)第 144399 号

责任编辑：陈冬梅　刘秀青
封面设计：李　坤
责任校对：李玉茹
责任印制：刘海龙

出版发行：清华大学出版社
　　　　　网　　　址：http://www.tup.com.cn, http://www.wqbook.com
　　　　　地　　　址：北京清华大学学研大厦 A 座　　　邮　　编：100084
　　　　　社 总 机：010-83470000　　　　　　　　　邮　　购：010-62786544
　　　　　投稿与读者服务：010-62776969, c-service@tup.tsinghua.edu.cn
　　　　　质量反馈：010-62772015, zhiliang@tup.tsinghua.edu.cn
　　　　　课件下载：http://www.tup.com.cn, 010-62791865

印 装 者：三河市龙大印装有限公司
经　　销：全国新华书店
开　　本：185mm×260mm　　印　张：12　　字　数：292 千字
版　　次：2022 年 11 月第 1 版　　　　　印　次：2022 年 11 月第 1 次印刷
印　　数：1～1500
定　　价：38.00 元

产品编号：087133-01

前　言

　　"要想做好一件事，首先必须能够去做它"，这应该是科技工作者做事情的首要准则。

　　机电专业计算机控制技术，涉及计算机程序设计、电子自动化设计软件的使用、控制系统设计原理及机电系统控制的特征等多个学科的知识。机电专业学生的大多数时间都花在机械课程(从制图、理论力学和其他力学到机械设计原理、机械制造工艺学、机械设备等)的学习上，在计算机程序设计方面的基础较薄弱，电子设计自动化软件的使用与控制系统设计原理方面几乎没有接触，这就导致机电专业高年级学生在学习计算机控制技术时有较大难度。偶尔有少数学生通过自学知晓零星知识，但是相比控制专业要求的对相关知识的理解程度，仍然缺乏方向性和系统性。更糟糕的是，多年来机电专业计算机控制技术一直没有与前述机电专业学生基础的教材相结合，导致上课的教师们不得不用控制专业的教材来给机电专业的学生授课。

　　王兴波教授毕业于国防科技大学机械电子工程专业，深知计算机控制技术对于这个专业的重要性。近年来，在从事机电专业计算机控制技术的本科课程教学后，决定写一本适合机电专业学生使用的教材。本书从计算机控制技术的零基础入手，以"能设计一个计算机控制系统"为目的，从电子自动化设计软件 Altium Designer 开始，一步一步地介绍计算机控制系统设计需要掌握的基础知识和要点，直到能够搞清楚计算机控制系统的含义和设计自己的计算机控制系统。

　　教学的目的在于让学生知道为什么去做一件事和怎样去做好这件事，本书就是基于这样的宗旨来组织材料的，希望对机电专业的学生有所帮助。

　　本书由王兴波、王珏编著，其中有关电机及其驱动部分的内容由王珏工程师负责。书中的诸多插图由研究生廖偲、吴继聪、郑聪、钟俊健、金岳泉、罗金凤等人绘制、核定，尤其是第 11 章的设计和试验工作，均由他们几人完成。

　　本书受到以下项目支持和资助：①佛山市高校和医院科研基础平台建设项目"工业机器人核心技术创新与发展平台"，编号为 2016AG100311；②广东省工程技术研究中心项目"广东省智能制造信息安全工程技术研究中心"建设项目；③广东省教育厅研究生示范课程建设项目；④佛山科学技术学院岭南学者激励计划项目。

编　者

目　　录

第 1 章　　绪　　　论

本章首先介绍计算机控制的目的与基本任务，然后结合机电系统的作业特征，介绍机电专业计算机控制技术特点及其内涵，最后展望了计算机控制在智能设备研究开发中的作用。

1.1　计算机控制的目的和任务

计算机控制技术是集控制、计算机、电子、传感与检测、通信等多种科学与技术于一体的综合性自动化技术。自动化(automation)是指机器设备、系统或过程(生产、管理过程)在没有人或较少人的直接参与下，按照人的要求，经过自动检测、信息处理、分析判断、操纵控制，实现预期目标的过程。

人类进入工业化大生产时代后，就开始了对自动化过程的研究与应用。英国机械师詹姆斯·瓦特(James Watt)是公认的自动化技术的创始人。1788 年，瓦特为了解决工业生产中暴露出的蒸汽机的速度控制问题，把离心式调速器与蒸汽机的阀门连接起来，构成蒸汽机转速调节系统，使蒸汽机变为既安全又实用的动力装置，由此开启了机械式自动化装置的时代。20 世纪 20 年代电子管反馈放大器的诞生使各种电子式控制器在各种机械与电子装置中得到广泛应用，自动化技术进入机械与电子耦合的时代。自 20 世纪 70 年代开始，计算机技术的发展使得计算机控制技术逐步融入自动化领域，形成基于数字计算机控制与管理的先进自动化模式与理念。自 20 世纪 90 年代以来，智能技术和知识工程开始与现代自动化装置及系统融合，进入了智能控制时代。

自动化包含自动化理论与自动化工程技术这两个既相互关联又有各自特点的层面。伴随对瓦特自动调节装置的研究和应用，数学家们也在当时提出了判定系统稳定性的判据，形成早期的自动化理论。到目前为止，自动化理论已经形成了极其丰富、复杂和系统的科学理论。这些理论为自动化控制技术提供了科学可信的支持和指导，是自动化发展不可缺少的基石。

自动化技术自其问世之初就在工业、农业、军事、科学研究、交通运输、商业、医疗、服务和家庭等方面有广泛的应用需求，其早期的应用主要在机械和一般工业生产，如瓦特的蒸汽机自动调节装置等。20 世纪 40 年代后，自动化技术和理论进入军事上的火炮控制、鱼雷导航、飞机导航等方面。20世纪50年代以后，自动控制作为提高生产率的一种重要手段，在石油、化工、冶金等连续生产过程中得到应用，对大规模的生产设备进行控制和管理，形成了过程自动化。50年代末到60年代初，航天技术的发展提出了多输入多输出系统的最优控制问题，使极大值原理、动态规划和状态空间法等现代控制理论形成。当人类发射了第一颗人造卫星时，飞行制导、航天器的控制等使得系统控制出现一个新的飞跃。60年代中期以后，现代控制理论在自动化中的应用，特别是在航空航天领域的应用，产生了一些新的控制方法和结构，如自适应和随机控制、系统辨识、微分对策、分布参数系统等。与此同时，模式识别和人工智能也发展起来，出现了智能机器人和专家系统。现代控制理论和电子计算机在工业生产中的应用，使生产过程控制和管理向综合最优化发展。70年代中期，自动化的应用开始面向大规模、复杂的系统，如大型电力系统、交通运输系统、钢铁联合企业、国民经济系统等，它不仅要求对现有系统进行最优控制和管理，而且还要对未来系统进行最优筹划和设计，由此催生了大系统理论与方法。80年代初，随着计算机网络的迅速发展，管理自动化取得较大进步，出现了管理信息系统、办公自动化系统、决策支持系统。与此同时，人类开始综合利用传感技术、通信技术、计算机、系统控制和人工智能等新技术和新方法来解决所面临的工业自动化、办公自动化、医疗自动化、农业自动化及各种复杂的社会经济问题，并研制出柔性制造系统、决策支持系统、智能机器人和专家系统等高级自动化系统。

纵观自动化的发展历史及其应用成就不难总结出：自动化技术的发展历史是一部人类以自己的聪明才智延伸和扩展器官功能的历史，是现代科学技术和现代工业的结晶，充分体现了科学技术的综合作用。计算机控制作为自动化的一个子集，既承接了自动化技术的自动特征，又结合了计算机、电子、通信等科学技术的特长，是当代控制技术的主要手段，也是未来智能控制技术的基础。

1.2　机电专业计算机控制的核心任务

本节通过对计算机控制系统的基本组成和机电专业计算机控制的特色，介绍机电专业计算机控制的核心任务。

1.2.1　计算机控制系统

从前面有关自动化与计算机控制技术的描述可知，计算机控制作为自动化的一个子集，主要通过计算机及其相关的技术来控制一个作业对象(从一个简单的阀门、开关到一个复杂过程)。因此,计算机控制系统(computer control system,CCS)可以抽象地定义为

CCS=计算机+受控对象

根据以上定义,图 1.1 是为便于理解和记忆给出的 CCS 助记图。

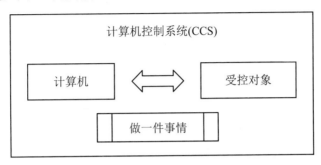

图 1.1　CCS 助记图

注意:为便于区分计算机控制系统与一般控制系统,后文将 CCS 作为"计算机控制系统"的专用写法,而用"控制系统"表示一般控制系统,"非 CCS"或"非计算机控制系统"表示不是由计算机控制,而是由其他控制器控制的控制系统。

CCS 所述的计算机是包括多个层面和特征的计算机总称,一般来说,PC、工业控制计算机、单片机、PLC 控制器等都可以是控制计算机。

(1) PC。即日常使用的个人计算机(personal computer)。PC 的设计初衷是协助个人处理日常办公、软件应用和通信等事务。由于 PC 采用总线设计,其主板上附有多个可扩充槽接口,因此,可以在 PC 上扩充控制板卡实现 PC 与受控对象、传感器的接口。PC 价格低廉、兼容性好,目前在多种控制系统(如声音、视频监控系统)中用于控制。

(2) 工业控制计算机。简称工控机(industrial personal computer,IPC),是基于 PC 总线的工业计算机。简单地说,它是面向工厂环境设计的 PC。由于工业环境在潮湿、灰尘、静电、电磁等方面存在诸多破坏和干扰 PC 稳定性的因素,采用 IPC 能较好地避免 PC 的不足。IPC 能对生产过程及机电设备、工艺装备进行检测和控制,并且具有丰富的接口、友好的人机界面,广泛应用于各类工业系统。从外观上,IPC 视其应用场所有独特的设计外观。图 1.2 所示是一些 IPC 外观。

图 1.2　一些 IPC 外观

(3) 单片机(single chip computer)。又称单片微控制器(micro controller unit，MCU)，是包括 CPU、随机存储器(RAM)、只读存储器(ROM)、多种 I/O 口和中断系统、定时器/计数器等功能的小而完善的微型计算机系统。通常，一个单片机集成在一个硅片上，因此一块芯片就成了一台计算机。由于它的体积小、质量轻、价格便宜，为学习、应用和开发提供了便利条件。在家电、仪器仪表及汽车电子设计等方面，单片机得到了广泛应用。目前，常用的单片机有 51 系列及 AVR、PIC、MSP430、STM32 系列等。其中，51 单片机和 STM32普遍受到在校学生的喜爱(见图 1.3)。

图 1.3　STC89C51 单片机与 STM32 单片机

CCS 中所述的"受控对象"也是外延非常广泛的术语。小到一个开关，大到一个自动化系统，都是受控对象。一般可以用受控事件和受控过程来划分成两个不同的类别。常见的广告灯饰、广告牌、交通信号灯、电动机、制动器、电磁阀、继电器、铁路扳道等属于受控事件，而工业配料、物流分拣、流程分叉等属于受控过程。电动机、制动器、电磁阀、继电器等属于机电专业方面的受控对象。

1.2.2　机电专业计算机控制技术的特点

机电系统源于日本企业界在 1970 年左右提出的"机电一体化技术"这一概念。当时日本人取名为 Mechatronics，即集应用机械技术和电子技术于一体。随着计算机技术的迅猛发展和广泛应用，机电一体化技术获得前所未有的发展，成为一门综合计算机与信息技术、自动控制技术、传感检测技术、伺服传动技术和机械技术等交叉的系统技术，正向光机电一体化技术(opto-mechatronics)方向发展，应用范围越来越广。

机电控制系统作为 CCS 的一个子集，显然受到机电系统特征的制约。从 CCS 的基本功能和组成，结合机电系统的概念可知，机电控制系统主要专注于传动技术、传感检测技术及其他辅助机械本体实现机电运动和能量转换的运动控制。简而言之，机电控制系统本质上是实现机电系统设计功能的运动控制系统，这也是人们经常看到"运动控制卡""运动控制"这样字眼的原因。

综上所述，机电控制系统控制的主要对象有以下 3 类。

1. 电动机

电动机是输出连续运动的主要部件。通过机械系统设计，将电动机主轴的连续转动转换为连续平动或其他方向的连续转动，实现运动转换和能量转换。例如，图 1.4 中的电动机滚珠丝杠和滑块组合实现将电动机输出的转动转换为滑块的平动，而图 1.5 中的锥齿轮(伞齿轮)实现旋转方向的转动输出。通过控制电动机转动的角速度或者角加速度可使其输出的平动或转动符合设计要求。

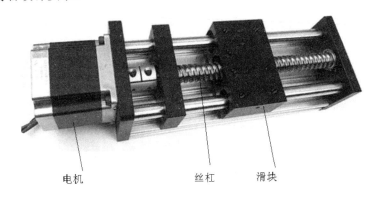

电机　　　　　　　　丝杠　　　滑块

图 1.4　电动机的转动转换为平动

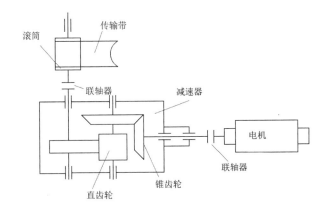

图 1.5　电动机的转动转换为不同方向的转动

2. 电磁阀、继电器等间歇运动控制器件

机电系统中存在一些非连续运动的运动结构。非连续运动称为间歇运动，例如铁路扳道路口的扳道、学校上下课的响铃等。这些运动会在一定条件的激发下在短时间内完成，通常采用电磁阀、继电器、气缸等机械器件实现。而采用计算机控制通常能够达到较好的效果。

3. 其他形式的运动器件或运动辅助器件

自动化生产过程中的一些开关(如 NC 加工中心的冷却液开关)、安全生产控制的一些保护装置(如冲压设备上的防损害装置)等,也可以采用计算机控制来实现其功能。

在 CCS 中,对受控对象的控制效果通常是通过传感检测来反馈的。因此,在机电控制系统中,与各种运动控制相应的传感检测技术也是机电控制系统设计必须考虑的要素。例如,在 CNC 加工中心,通常需要通过对工作平台的位置检测信息来控制电动机的运动转换节点,通过对刀具的当前位置与其转换点位置比较控制电动机的加减速度。再例如,在电梯的升降控制中,也需要对当前位置进行检测与判定来实现目标楼层的定位及电动机速度控制。

1.3 本书内容及其学习要点

本书主要结合机电专业 CCS 设计涉及的知识和技能,从系统设计的基本要素、系统开发必备的基础知识及提升能力的基础知识几个方面,按照认识、了解、掌握、应用和深化几个步骤,介绍相关的知识内容及掌握相关应知应会的技术。

1.3.1 学习本书应具备的前期基础

一般来说,掌握计算机控制技术需要以下基础知识作为支撑。

(1) 模拟电路知识。模拟电路是传输、变换、处理、放大、测量和显示模拟信号的工作电路。模拟信号是指连续变化的电信号。模拟电路中的放大电路、信号运算和处理电路、振荡电路、调制和解调电路及电源等是设计控制系统常用的电路。在 CCS 中,所有输入到计算机的电压不得高于 5V,所有计算机输出的电压都不到 5V(一般都在 3V 以内),因此,需要设计多个计算机的外围电路将输入信号降压。鉴于电动机是机电控制的主要对象之一,而输入到电动机的电流、电压等物理量都是模拟量,并且很多电动机要求的输入信号都远远高于 5V,这就需要对计算机输出的信号加以放大。这些降低和升高信号电压的电路正是模拟电路的基本功能。掌握模拟电路知识对于处理控制电动机的模拟量、设计驱动电路非常重要。

(2) 数字电路知识。在 CCS 中,输入到计算机的信号、计算机处理的信号及其输出的信号都是数字信号。而现实生活中的大量信号,如摄像机拍下的图像,录音机录下的声音,车间控制室记录的压力、流速、转速、湿度等都是模拟信号。要想实现计算机处理这些信号以达到控制的目的，必须将它们转换成计算机能够接受的数字信号，并且在必要时还要对这些数字信号进行处理(如放大或缩小)，使之成为计算机能够处理的信号。数字电路是处理和传输数字信号的电路，直接与计算机的输入和输出接口连接。在 CCS 设计中，数字电路也是计算机控制工程技术人员必须掌握的基础知识之一。

(3) 控制系统设计软件的应用。如同机械设计一样，所有控制系统设计都是通过专业的设计软件来完成的。机械设计软件包括二维 AutoCAD 软件，三维 UG、Catia 等软件，它们是从事机械设计的基本工具软件。控制系统设计是通过电子设计自动化(electronic design automation，EDA)软件来实现的。国际上有多个 EDA 软件，如 Protel(后期叫 DXP、Altium Designer)、DIP、Proteus、Multisimu 等。这些软件就像机械设计离不开的 AutoCAD 和 UG、Catia 一样，是从事控制系统设计离不开的基本工具软件。Protel 是 Altium 公司在 20 世纪 80 年代末推出的 EDA 软件，是目前拥有最多用户的 EDA 软件，也是电子设计者的首选软件，在国内的普及率也最高，许多高校的电子专业、自动化专业还专门开设了相应的课程。几乎所有的电子公司都要用到它，一些大公司在招聘电子设计人才时常常专门注明要求会使用 Protel。2005 年年底，Altium 公司将 Protel 改进为 Altium Designer，在 Windows 操作系统中运行。毫无疑问，Altium Designer 是从事计算机控制的工程技术人员应知应会的软件。

(4) C 语言或者汇编语言编程。计算机控制受控对象的过程，主要是向受控对象发出系列控制指令来完成的。例如，控制电动机加速转动、减速转动或者转动一定角度。计算机发出的这些指令需要根据一定的算法经过计算机编程、编译生成指令代码后，再将其烧录在芯片内部才能使用。尽管有很多种计算机编程的语言，但是在控制技术层面，C 语言或者汇编语言编程是基本语言。没有 C 语言基础或汇编语言基础，是很难将计算机控制工作做好的。一般来说，汇编语言较难学习，因此对于初学者来说，C 语言是需要熟练掌握的。

1.3.2　本书的主要内容

机电专业计算机控制技术的课程大多开设在大三下学期或者大四上学期。相对于自动化专业或电子专业的学生，机电专业学生的 C 语言编程实践、EDA 软件以及自动控制理论与方法等方面均较弱(不排除极少数优异生具有较强能力)，绝大多数学生对于 EDA 软件完全不了解。本书主要根据一般情况安排计算机控制技术应知应会的知识。此外，考虑到机电专业侧重于控制技术的应用，本书也强调控制系统设计的基本知识。为便于整理知识，本书将全部学习内容按照学习进阶和知识增加的阶段的要点总结如下。

1. 1 个软件入门，Altium Designer 的初步使用。

2.2 个环，控制系统的开环与闭环结构特征及设计要素。

3. 三大块，组成控制系统的输入块、中央数据处理块、执行与输出块的设计要素。

4.4 个通道，数字信号 I/O 和模拟信号 I/O 组合形成的 4 种通道的设计要素。

5. 了解 CCS 的驱动。

6. 知道 CCS 的人机接口。

7. 清楚机电控制系统中的电动机。

8. 明白传递函数。

9. 通晓 PID 控制。

根据经验，学习者循序渐进地掌握了上述要点后，就基本能够从事初步的 CCS 设计与应用了。

第 2 章 控制系统设计软件 Altium Designer

设计 CCS 的前提是要会使用 EDA 软件。Altium Designer 是使用极其广泛的 EDA 软件，是所有从事计算机控制的工程技术人员必备的工具。不会使用该软件的技术人员是不可能很顺利从事计算机控制的技术工作的。本章介绍该软件的入门知识，旨在为后期学习和应用打下基础。

2.1 设计开发控制系统的步骤与过程

在介绍 Altium Designer 软件以前，首先介绍控制系统设计开发的步骤和过程，以便读者对 Altium Designer 软件进行理解。

一般来说，设计开发一个控制系统包括图 2.1 所示的步骤和过程。图 2.1 中，"分析任务"是搞清楚控制对象及控制系统的输入参数、控制对象的输出参数。例如，设计一个教室上、下课的响铃控制系统，则控制对象是继电器，对象的输出参数是在某个时间节点的响铃次数或响铃延续的时间。分析任务还要搞清楚输入输出中的信号类型，例如哪些是模拟信号、哪些是数字信号等。分析任务是控制系统设计的开始，也是规划控制方案的开始。

主控计算机是实施控制过程的计算机，需要根据控制系统的任务来确定。对于小型控制系统，如响铃控制系统、门禁开关、广告灯饰等，一般选择 51 系列计算机即可；对于中等任务系统，可选择 STM32 或类似计算机；对于较为复杂的控制系统，一般选择 IPC 或者更加高端的计算机。

"选择基本器件"是根据所分析的输入输出参数、选择的计算机及其输出接口等属性，来选择所需外围电路设计、传感电路设计的器件(如电阻、电容、晶体管、功放、显示、视频采集器、音频采集器等器件)。控制系统中器件的选择直接影响系统电路设计和复杂的程度，与设计者的经验密切相关。所谓"熟记 100 个模拟电路什么事情都可做，熟记 100 个数字电路什么事情都敢做"，就是说经验和对器件熟悉的程度对设计控制系统非常重要。

图 2.1 中的第 4 步"设计原理图/编程"，就需要使用 Altium Designer 来完成。设计者需要将所选择的计算机、器件等，结合控制理论和原理，利用 Altium Designer 来设计成所需的控制系统，将控制过程、控制原理和方法具体体现出来。原理图是融合数字电路和模

拟电路的电路图，其中包括计算机与接口模块、调理模块、AD/DA 转换模块、驱动模块、传感与信号传输等电路。在第 1 章已经述及，从事机械设计需要 AutoCAD、UG、Catia 软件，从事控制系统设计需要 Altium Designer 这样的软件。

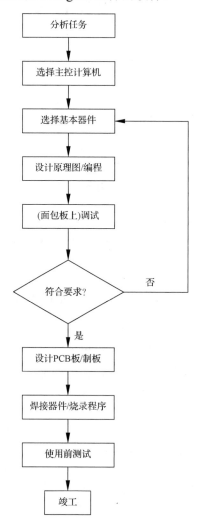

图 2.1　设计开发控制系统的步骤和过程

图 2.1 中的第 4 步中还有一个"编程"。这是在 C 语言编程环境下(一般是 Keil C)完成的，主要根据输入参数和计算机需要输出的参数以及控制系统的核心算法(通常需要设计者自行设计)来编写控制程序，经编译后形成控制指令并可下载到计算机中。这个过程是设计 CCS 的核心工作之一。对于一般非计算机控制系统设计，这个步骤是可以省去的；但是对于 CCS 设计者而言，可能是终身的工作，这里不赘述。

第 5 步"(面包板上)调试"，是根据第 4 步设计的原理图和设计的程序进行调试。面包板是电路试验中一种常用的具有多孔插座的插件板，如图 2.2 所示。面包板板底有金属条，在板上对应位置打孔使得元件插入孔中时能够与金属条接触，从而达到导电的目的。一般将每 5 个孔板用一条金属条连接。板子中央一般有一条凹槽，这是针对集成电路、芯片试验而设计的。板子两侧有两排竖着的插孔，也是 5 个一组。这两组插孔用于给板子上的元件提供电源。设计者可以在上面通过插接导线或电子元件来搭建不同的电路，从而实现相应的功能测试，如图 2.3 所示。因为其无须焊接，只需要简单地插接，所以其广泛应用于电子制作、单片机的入门学习中。几乎所有从事控制系统设计的人员都有使用面包板的经历。

图 2.2　面包板

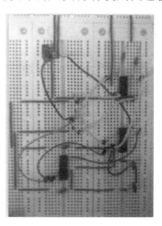

图 2.3　在面包板上测试电路和元件

第 6 步“设计 PCB 板/制板”。当原理图的设计在面包板上测试成功，满足设计要求或实现设计目标后，就要开始进行 PCB 板的设计与制造了。PCB 板是印制电路板(print circuit board)的英文简称，它是根据设计好的原理图，按照集成电路优化原则，将全部元器件(含计算机)及其连线经布局设计并经过专业制作后形成的一个电路板(俗称板子)，如图 2.4 所示。PCB 板是电子元器件电气连接的基板，其发展已有 100 多年的历史了。采用 PCB 板的主要优点是减少布线和装配的差错，提高了自动化水平和劳动生产率。

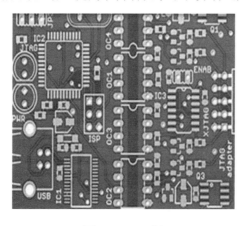

图 2.4　PCB 板

设计 PCB 板需要借助 Altium Designer 软件。Altium Designer 软件除了能为设计者提供原理图设计环境以外，还可以为设计者提供 PCB 板的设计环境。设计者根据所设计的原理图以及 PCB 制板的规则，可在 Altium Designer 软件里面设计好 PCB 板。在交由专业的 PCB 制板者制作出 PCB 板后，即可进行元器件安插、焊接和测试，最终投入生产。

通过上述设计开发 CCS 的步骤与过程介绍可知，Altium Designer 软件在其中扮演着至关重要的角色。因此，学习和使用该软件是每个从事计算机控制技术的工程技术人员所必需的。

2.2　使用 Altium Designer 的若干基础知识

学习一款专业软件，首先应该对该软件的基础知识和软件的基本用户界面(user interface，UI)有所了解。学习 Altium Designer 也需要具备一些基础知识。对于机电专业的学生，由于缺乏应有的电子技术知识，更需要补充。本节介绍学习 Altium Designer 的相关基础知识和 Altium Designer 的基本 UI。

1. 长度单位

在 Altium Designer 中，mil 是长度单位，它与毫米的关系如下：

$$1\text{mil}=0.0254\text{mm} \text{ 或者 } 100\text{mil}=2.54\text{mm}$$

2. 元件库(Library)

元件也叫元器件或器件，是设计 CCS 所需的单片机、电阻、电容、晶振、二极管、三极管、开关、电源等电子器件的总称。Altium Designer 根据元件的性质与用途，将元件分为基本元器件(miscellaneous devices)、用于连接功能的元器件(miscellaneous connector)以及与 FPGA 相关的元件，分别置于 MiscellaneousDevices.Intlib、MiscellaneousConnector.Intlib 以及以 FPGA 为前缀的元件库中。软件启动进入原理图设计环境，设计者可以用鼠标单击软件 UI 右侧的 Libraries 标签，在弹出的库面板中选择所需的元件库，从而在相应的库中选择所需的元件或连接件来开展设计工作。

随着电子技术的发展，元件的生产日新月异，新的元件不断问世。元件的生产厂家为了让设计者使用它们的产品，也同步发行新元件的入库数据。设计者可以将这些新的元件数据加入(安装)到 Altium Designer 的元件库中备用。在图 2.5 所示的面板左上角单击 Libraries 按钮，如图 2.6 所示，就可打开安装新元件库的对话框，此时选择库所在的路径，就可将库安装到 Altium Designer 中了。

图 2.5　选择元件库　　　　　　　　图 2.6　安装新元件库的入口

除了安装厂家发布的元件库以外，设计者还可以自己设计新的元件并置于库中使用，相关知识在后文介绍。

3. 元件符号

元件符号也叫电气符号或原理符号图。现实生活中，同一种元件会有多种不同的形状和大小，图 2.7(a)所示为固定电阻，图 2.7(b)所示为压敏电阻。

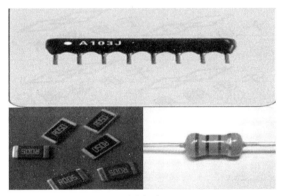

(a) 固定电阻　　　　　　　　　　　　　(b) 压敏电阻

图 2.7　同种产品形状大小不同

在 EDA 设计中，按照元件具体形状大小来设计的方式显然会给设计人员增加巨大的工作量，是不方便设计的。为此，电子业界利用抽象符号来表示所设计的元件。表 2.1、表 2.2 给出了一些常见电子元器件的抽象符号，它们也是 Altium Designer 所用的符号，认识并记住一些元件符号是从事 CCS 设计的基本功之一。

表 2.1　常用电子元器件的抽象符号

符　号	代表意义
	固定电阻
	电容(无极)
	带铁芯电感线圈
	电池或直流电源
	信号源
	NPN 型三极管
	PNP 型三极管
	公共接地端
	公共供电端

表 2.2　电子设计常用器件与符号

名　称	图形符号		名　称	图形符号	
	优选型	其他型		优选型	其他型
一般电阻器	▭	∿	自耦变压器		
电位器			扬声器		
可变电阻器			一般二极管		
压敏电阻器			发光二极管		
热敏电阻器			发电二极管		
光敏电阻			变容二极管		
熔断器			双向二极管		
一般电容器			稳压二极管		
有极性电容			整流全桥		
可变电容			NPN 型三极管		
电感器			PNP 型三极管		
带磁芯的电感器			单向晶闸管		
可调电感器			双向晶闸管		
双绕组电感器			N 沟道型场效应管		
副边有抽头的变压器			P 沟道型场效应管		

4. 导线

导线是电子电路中连接元件的线。在 Altium Designer 中设计原理图时，可在菜单栏中选择 Place→Wire 命令设计导线，如图 2.8 所示。也可以在顶部工具条上单击  按钮来设计导线。

需要注意的是，在 Altium Designer 中，在顶部工具条上单击这个画有三角板直尺和铅笔的图标 ，也会出现画线的工具，如图 2.9 所示，这时绘制出来的是辅助线 Line。

图 2.8　设计导线菜单　　　　　　　　　　图 2.9　绘制辅助线工具条

在 EDA 设计中，导线 Wire 是导通电路的，具有电气特征；辅助线 Line 是给设计者提供几何计算参考的，不具备电气特征。许多初学者经常将二者搞混，导致所设计的原理图无法通过编译。

5. 管脚

管脚(pin)又叫引脚，是从集成电路(芯片)内部电路引出，连接外围电路的接线。引脚构成了芯片的接口。管脚有双列直插式(DIP)、贴片式(SMD)等多种形式，其中 SMD 又演变出多种子形式。图 2.10(a)所示是双列直插式管脚，图 2.10(b)所示是贴片式 SSOP20 管脚。芯片管脚的形式直接影响芯片在 PCB 上的安置和焊接，同时对于设计元器件的封装十分重要。

(a) 双列直插式管脚　　　　　　　　　　(b) 贴片式管脚

图 2.10　管脚封装形式

6. 总线

总线(bus)是电子电路或集成电路中传输信号的导线束，常见于集成电路中。总线大多出现在连接两个或多个多管脚的器件中。在 Altium Designer 中，总线是通过在菜单栏中选择 Place→Bus 命令设计的，见图 2.8 菜单中的第一项。需要注意的是，总线总是有入口和出口的。其入口由菜单栏中的 Place→Bus Entry 命令设计，见图 2.8 菜单中的第二项；其出口则是通过网标(net label)来标示的，见图 2.8 的第七项。

7. 网络标号

网络标号简称网标。在 Altium Designer 中，网络标号是一种具有电气连接属性的标号，也就是说，如果把两个元件引脚或两个引线打上了相同的网络标号，这两个引脚或两根引线就连接起来了。这相当于用导线连接，但是它比导线看起来简洁，尤其是在复杂设计图中。

在一个复杂的设计中，设计者需要通过网络标号的一致性检查来判断是否每个该连接的端口都连接上了。如果一致性检查出现孤立的网络标号，说明设计存在漏洞。

8. PCB 板的层

从图 2.1 可以看出，CCS 的设计最终表现为 PCB 板。PCB 板是供电子组件安插、有线路的基板，其线路是使用印刷方式将镀铜的基板印上防蚀线路，再经蚀刻冲洗出线路。各种电子元件都被集成在 PCB 板上。PCB 板可以分为单层板、双层板和多层板。在最基本的单层 PCB 板上，零件都集中在一面，导线则都集中在另一面。通过在板子上打洞的方式，让元件的管脚从一面穿到另一面再实施焊接，因此，单层板正反面分别被称为零件面(component side)与焊接面(solder side)。双层板可以看作是把两个单层板相对黏合在一起组成，板的两面都有电子元件和走线。PCB 板的这种层次结构是设计人员根据设计规模和复杂程度来确定的。确定这种层面的方法就是在 Altium Designer 中设计 PCB 板时进行分层。在 Altium Designer 的 PCB 制板 UI 底部，可以看到如图 2.11 所示的层处理功能。可以看出，一个 PCB 板一般包括 Top Layer、Bottom Layer、Mechanical Layer、Top Overlay、Keep-Out Layer、Multi-Layer 等。

图 2.11　Altium Designer 的 PCB 板层

(1) Top Layer(顶层)。顶层布线层，用来画元件之间的电气连接线，默认画出来的线条是红色。一般双面板的上面一层属于此层。

(2) Bottom Layer(底层)。底层布线层，用来画元件之间的电气连接线，默认画出来的线条是蓝色，就是单面板上面的线路层。

(3) Mechanical Layers(机械层)。用来绘制 PCB 印制板的外形、挖孔部位等，也可用来注释 PCB 尺寸等，默认是紫色的。注意，PCB 外形、挖孔部位和 PCB 的注释尺寸不要用同一机械层，比如机械层 1 用来绘制 PCB 外形及挖孔，机械层 2 用来注释尺寸等，这样印制板生产厂家的技术人员会根据此层的东西自己分析是否需要将此层制作出来。

(4) Top Overlay(顶层丝印层)。为了便于技术人员理解，需要在板的一面印上一些文字和电气符号标识，对应 Top Layer(顶层)，默认是黄色。

(5) Bottom Overlay(底层丝印层)对应 Bottom Layer(底层)，就是板子背面的字符，默认是褐色。双面板可能会用到 Top Overlay 与 Bottom Overlay 两层字符。

(6) Keep-Out Layer(禁止布线层)。简单说就是在板子上界定一个有效布线区域，超出这个区域则禁止布线，默认为紫色(同机械层)。如果印制板中没有绘制机械层，印制板厂家的技术人员会以此层作为 PCB 外形。如果 Keep-Out Layer 层和机械层都有，默认是以机械层为 PCB 外形。在单层板或双层板的情况下，通常 Keep-Out Layer 与 Mechanical Layers 设计成一样的。

(7) Multi-Layer(多层)。所有布线层都包括，一般单、双面的插件焊盘就放在这层，默认颜色是银色。本层上画的线在所有层都适用，例如画根线条就是在所有层上都画上了。

除了上述按照设计布局分层以外，PCB 板还可以分为信号层(Signal Layers)、电源层和接地层。

(1) 信号层就是用来完成印制电路板铜箔线的布线层，用于连接数字或模拟信号的铜箔导线。在设计双面板时，一般只使用 Top(顶层)和 Bottom(底层)两层。当超过 4 层时，就需要使用 Mid(中间布线层)。Altium Designer 电路板可以有 32 个信号层，其中，Top 是顶层，Mid1～30 是中间层，Bottom 是底层。习惯上 Top 层又称为元件层或元件面，Bottom 层又称为焊接层或焊接面。

(2) 4 层以上的板子都需要设置电源层(VCC)和接地层(GND)。图 2.12 所示是一个 4 层板的示意图，注意其中的电源层和接地层。电源层默认网标为 VCC，接地层默认网标为GND。如果没有相应网标，一定要设置网标。这样，当相同网标的管脚或者过孔通过线路板时，会自动和该层相连，而不同的网络则不会相连。

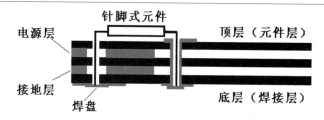

图 2.12 电源层与接地层示意图

为什么要有接地层呢？这需要了解"地"的含义以及在 PCB 板中处理接地的方式。所谓"地"，就是理论电位为零的点。PCB 板上的元件需要赋予所需的电压(≤5V)，同时其两端需要有压降才能工作(否则两端电压相同则没有电流通过，无法传递信号)。因此，理论上整个板中一定有一个点的电位与电源的 0 电位(电源地线)相同。电路上或 PCB 板电位为 0 的线称为地线或 0 线。PCB 板接地，就是将所有元件的地线连到电源地线。一般来说，有 3 种接地方式，如图 2.13 所示。

① 单点接地，所有电路的地线为同一点。

② 多点接地，电路的地线就近接地。

③ 混合接地，将单点接地和多点接地混合使用。

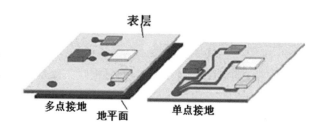

图 2.13 接地面机制示意图

单点接地时会因一些连接线过长产生电磁干扰等不利因素，适合于低频电路。对于多点接地，毫无疑问会形成一个地平面，就是接地层了，这样器件的地线就可直接连接到接地层。同样的道理，PCB 板上所有与电源高电位连接的供电端形成 VCC 电源层，负责给元器件供电。

PCB 的分层设计需要经过大量实践体验才能领悟其中的一些技巧和技能，本书不再赘述。

9. 焊盘

焊盘(land/pad)是电路板上用来焊接元器件管脚或导线的铜箔，其功能就是用来焊接，实现元件与 PCB 板的电气连接。本来电路板上布满铜，经过侵蚀后形成电路，再在电路板上打孔使得导线与元件的管脚接触，经焊锡焊接固定在 PCB 上，如图 2.14 所示。为保证接触良好，需增加接触处的铜量，这样的引线孔及周围的铜箔就是焊盘。最简单的板子是单层板，如图 2.14(a)所示，它的一面放置元件，其管脚穿过板子上面事先打好的孔(通孔)到另外一面焊接。单层板的焊盘与器件分别处在两个不同的面上。图 2.14(b)示意的是双层板，它的两面都有焊盘。焊盘的通孔用于焊接直插型元件的管脚。焊盘一般是圆盘形，也有其他形状，如图 2.15 所示。

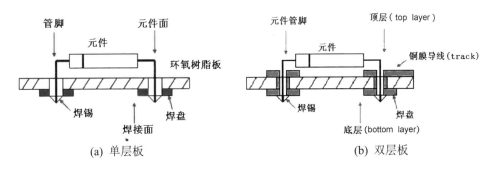

(a) 单层板　　　　　　　　　　　　　(b) 双层板

图 2.14　焊盘释义图

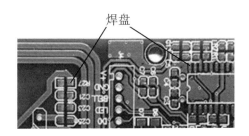

图 2.15　不同形状的焊盘

10. 孔

现在很多 PCB 板是多层的，例如电脑主板都在用 4 层甚至 6 层板，而显卡一般都用 6 层 PCB 板。一些高端显卡如 nVIDIAGeForce4Ti 系列，甚至采用了 8 层 PCB 板。在多层 PCB 板上连接各个层之间的线路，就需要开孔来实现。因此 PCB 板上会有很多孔。有些孔穿透整个 PCB 板(单层或多层)，有些孔穿透部分层。有些孔承担层间电气连接，有些孔不连接。有些孔里放置元器件，有些不放。

根据穿透与不穿透 PCB 板的情况，可将孔分为通孔(plated through hole)、盲孔(blind via hole)和埋孔(buried via hole)，图 2.16 给出了这 3 种孔的示意结构。从图 2.16 中可以看出，盲孔(因为看不到对面，所以称为"盲通")将 PCB 的最外层电路与邻近内层以电镀孔连接，埋孔连接 PCB 内部任意电路层，但未导通至外层(埋在里面)。

承担层间电气连接的孔称为导孔(Via)。PCB 板上的导孔分也为 3 种。

① 盲孔(blind via)，从印制板内延展到一个表层导孔(导电孔)。

② 埋孔(buried via)，未延伸到印制板表面的导孔。

③ 过孔(through via)，从印制板的一个表层延展到另一个表层的导孔。

放置元器件的孔称为元件孔(component hole)，如图 2.12、图 2.14 中元件管脚穿过的孔是元件孔，而图 2.16 中的埋孔则不是。盲孔也可能成为元件孔。

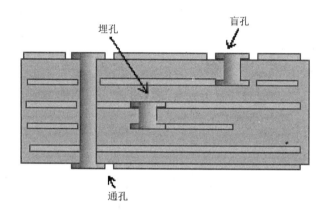

图 2.16　PCB 板上的导孔释义图

上述孔的各种叫法之间存在相互联系，也有区别。盲孔与埋孔的含义是一致的，元件孔通常是过孔。通孔与过孔存在差别：通孔是通过线路板的孔，没有电气连接，过孔在所连接电气的层有焊盘(过孔的焊盘不同于一般管脚的焊盘，它没有阻焊层，一般设计人员不用顾忌这个区别，因为 PCB 制板工厂的技术人员会识别和处理)，而通孔没有。过孔可以是通孔，也可以是掩埋式的。所谓通孔式过孔，是指穿通所有覆铜(或称敷铜)层的过孔；掩埋式过孔则仅穿通中间几个覆铜层，仿佛被其他覆铜层掩埋起来。通孔式过孔可视为一个通孔内置了金属导孔的通孔，不仅可以连接电气，还可散热，图 2.17 所示展示了一个 5 层结构 PCB 板的过孔结构。通孔常用于加装螺钉等固定 PCB 板。

11. 覆铜或者灌铜

覆铜(fill)或者灌铜(pour)，就是将 PCB 上闲置的空间用固体铜填充，使之成为一个连续充满铜的铜膜、实心铜片或铜块。覆铜是 PCB 板设计和制板中重要的环节之一。许多 PCB 板设计者都能通过 Altium Designer 的"填充"(Fill)、"灌铜"(Polygon Pour)、"实心区域覆铜"(Solid Region)命令来实施覆铜，但是很多人尤其是一般初学者对覆铜的内涵不甚了解，只能机械操作，为此，这里对覆铜的内涵给出说明。

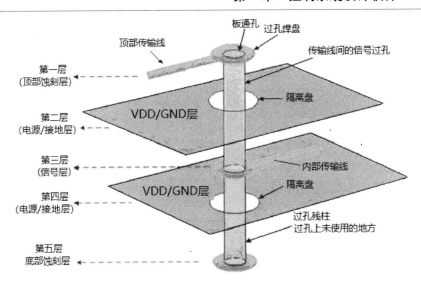

图 2.17　过孔的结构示意图

首先，覆铜是形成接地面的一种手段。前面已经述及，PCB 板上采用多点接地或者混合接地设计时，诸多的接地点理论上在一个 0 电位平面上。鉴于这些 0 电位接地点可能集中，也可能分散，如果用导线连接它们，当布线间距大于噪声波长的 1/20 时就会产生天线效应，噪声就会通过布线向外发射，产生电磁干扰。因此，通过覆铜形成一片铜膜或铜片，将这些 0 电位点连接起来，形成接地面或接地层，就可以避免上述问题。此时，覆铜可减小地线阻抗，提高抗干扰能力，降低压降，提高电源效率。其次，覆铜可以协助散热。PCB 板上的一些大电流器件，如 LM7805、AMC2576，会产生很大的热量。如果设计适当的大面积铜皮，可增加散热效果。

覆铜是 PCB 板设计中需要经过大量实践体验才能熟悉和运用的一个技术，希望读者能够在日后的工作中逐步掌握。

12. 封装

所谓封装(footprint)，是将集成电路的硅片用绝缘的塑料或陶瓷材料打包，在硅片上对外接口的部位用导线引出形成管脚，以便与其他器件连接。因此，封装隐藏了集成电路的具体结构和实现细节，仅对外公开接口。就电子产品而言，封装好了的产品就是供设计者选用的元件。因此，封装后的外形和管脚结构直接决定了元件在 PCB 板上的安装和布局，是设计者在设计 PCB 板时不能忽略的因素。按照惯例，凡是能够加入元件库被设计者选用的元件，必须同时提供元件的符号图和封装图。这就是为什么在 Altium Designer 中选择一个元件时，设计者能同时看到该元件的符号图和封装图。图 2.18 中符号图显示所选元件为 4 个二极管组成的滤波桥电路，有 4 根导线与之相连；而封装图显示该元件是带切角的方形，并在一面有 4 个管脚。

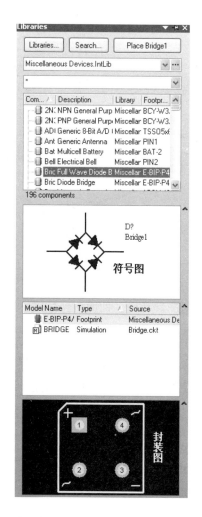

图 2.18　元器件的符号图与封装图

前面已经述及，设计者可以将自己设计的元件入库，为其他设计者提供选择。根据惯例，设计者将自己设计的元件入库时，必须同时将符号图(反映元件工作原理)和封装图加入库文件里面。那么封装图该提供什么数据呢？

首先是外形数据，其次是接口数据。按照机电专业的说法，外形数据主要是元件在 PCB 板上的俯视图，它决定了元件在板上所占的面积和布局。接口数据主要是管脚的个数、分布形式(包括管脚之间精确的几何尺寸和拓扑关系)以及管脚接电关系。

元件的封装主要分为 DIP 直插和 SMD 贴片封装两种形式，当然由这两种形式也演绎出了多种其他形式。

(1) DIP 直插式元器件封装。直插式元器件封装的焊盘一般贯穿整个电路板，从顶层穿下，在底层进行元器件的引脚焊接，如图 2.19 所示。

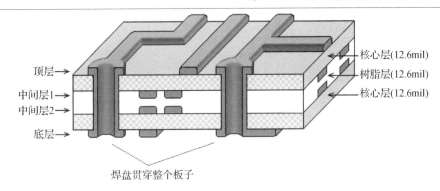

图 2.19　直插式元器件的封装示意图

典型的直插式元器件及元器件封装如图 2.20 所示。在封装图中，管脚为蓝色，表示在 Bottom Layer。此外，管脚多为小方框或圆点，其中方框为接 VCC 端。

图 2.20　直插式元器件及元器件封装图

(2) SMD 贴片式元器件封装。贴片式的元器件，指的是其焊盘只附着在电路板的顶层或底层，元器件的焊接是在装配元器件的工作层面上进行的，如图 2.21 所示。

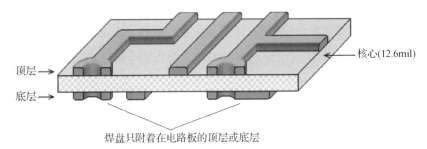

图 2.21　贴片式元器件的封装示意图

典型的贴片式元器件及元器件封装如图 2.22 所示，在封装图中管脚为红色，表明在顶层。一般默认 1 口接 VCC。

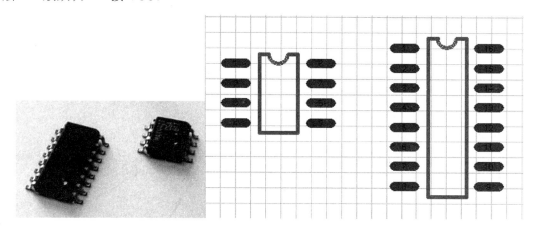

图 2.22　贴片式元器件及元器件封装

还有其他多种形式的封装，这里不再赘述。读者可阅读相关的文献资料，并通过实践去熟悉与体验。

13. 工程

工程(project)是指一个完整的设计任务，包括原理图设计、PCB 制板、编写设计文档、新设计元件入库(如有)等。Altium Designer 有专门工程管理功能。

14. 面向对象的操作方式

这是本书结合面向对象(OOP)程序设计的思想和国际相关软件的操作模式总结的一种学习软件功能的模式。一般来说，绝大部分软件都是按照 OOP 模式设计的，这种模式的特点就是，选定了一个对象(菜单项、设计对象等)，单击右键就会出现对这个对象的相关操作。用面向对象程序设计的术语来说，就是右键显示对象的属性和方法。设计者选择一个对象(元件、导线、管脚等)后，弹出的对象框就是对该对象操作的全部选项。设计者再根据处理目的来选择下一步的设计动作即可。

15. 模块

在 CCS 设计中，模块(module)是一个或者若干个用于实现一种功能的元器件或元器件组合体。在软件设计中，模块是一个具有独立执行某种功能的程序单元。无论是软件还是硬件，独立性与规范接口都是模块的基本特征。

2.3　Altium Designer 设计示例

在了解了 CCS 设计有关基础知识之后，本节提纲挈领地介绍怎样用 Altium Designer 来设计一个控制系统需要的 PCB 板。

2.3.1　Altium Designer 的主界面

启动 Altium Designer 后，将看到如图 2.23 所示的主界面。留意图中做了标记的几个地方：左边用于新建、打开文档、打开工程，右边是元件库，右下角是 System 菜单，其中包含系统总功能选项。一般初学者主要关注打开、新建文档，底部 System 菜单以及右边的元件库。

图 2.23　Altium Designer 的主界面

右边的元件库已经在前面章节介绍过，这里介绍一下右下角的 System 菜单。单击 System 菜单后，会弹出如图 2.24 所示的菜单项。

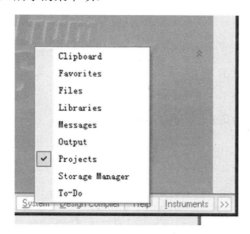

图 2.24　System 菜单项

可以看到 Projects、Files、Libraries 这几个子项。它们的用途是：当设计者不小心把 Libraries、Files 或者 Projects 这几个按钮关闭了后，主界面上就暂时看不到这些内容了。此时单击 System 菜单，再单击对应的菜单项内容，就会把它们重新显示出来。

有关打开、创建文件或工程等事项的含义，与 CAD 软件类似，且存盘等快捷键也类似，这里不再赘述，以下通过例子来说明。

2.3.2　创建一个新项目

根据 2.1 节所述设计 CCS 的基本步骤可知，一个 PCB 板的项目主要包含创建原理图，并依据所设计的原理图来设计 PCB 板。Altium Designer 也是根据这个原则，在创建的项目中可以放置原理图设计文档和 PCB 板设计文档。

Altium Designer 的工程(Project)是以文件形式存储的，其后缀是 PrjPCB；项目中的原理图和 PCB 板设计图也是用文件存储的，后缀分别是 SchDoc 与 PCBDoc。创建工程，可以在菜单栏中选择 File→New→Project→PCB Project 命令来实现，如图 2.25 所示。

此时系统弹出如图 2.26 所示的对话框。直接单击 OK 按钮，就创建了 PCB 工程的框架，如图 2.27 所示。注意，此时仅仅创建了一个工程框架，实际上是一个空工程，后面还需要向里面加入原理图文档和 PCB 图文档。

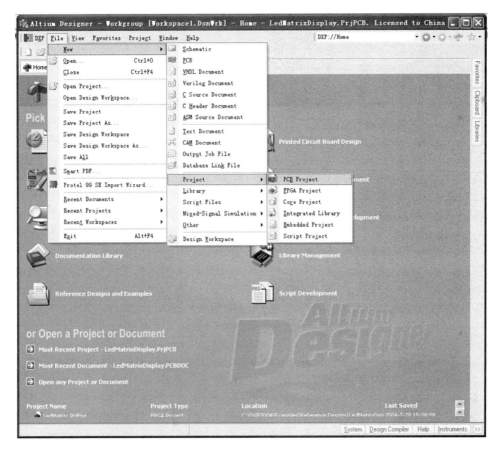

图 2.25 创建一个 PCB 工程

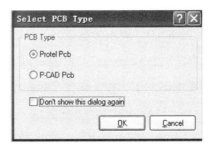

图 2.26 PCB 工程选项

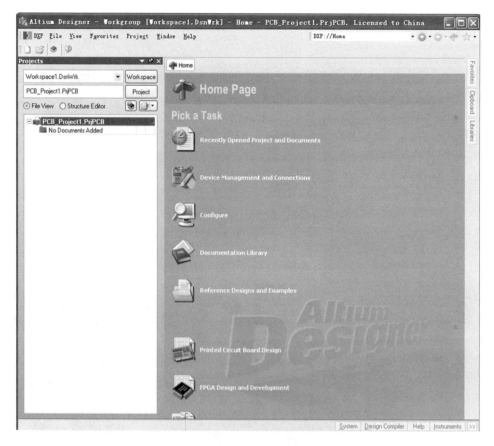

图 2.27　工程框架(空工程)

　　为了使建立的工程具有可识别性，一般需要给工程取一个便于记忆并且有特色的名字。比如，做第一次试验的工程可取名为 FirstTryPCB。因此，可将刚才建立的工程框架(空工程)保存为一个可识记的工程名字 myFirstTry。右击 PCB_Project1.PrjPCB，根据 OOP 的原则，选择 Save Project As，选择文件存放的文件夹后输入名字 myFirstTry，保存工程框架。此时工程名字变为 myFirstTry.PRJPCB。此时工程下依旧没有具体的设计数据。为此，再根据 OOP 的原则，单击 myFirstTry.PRJPCB，弹出如图 2.28 所示的菜单。

　　从此菜单看出，可以向工程增加 Schematic(原理图)和 PCB 设计图。根据设计 PCB 板的流程，一般来说，在没有原理图的情况下，必须选择 Schematic。先选择 Add New to Project→Schematic 命令新增一个原理图，然后以同样的方法新增一个 PCB 制板文件。两个文件分别保存为 myFirstTry.SchDoc 和 myFirstTry.PCBDoc。可以看到系统的界面如图 2.29 所示，然后就可以开始具体设计了。

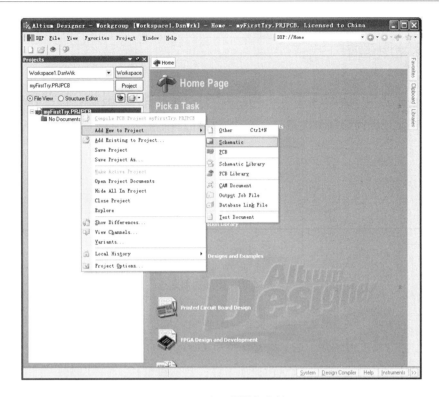

图 2.28　向工程增加文档

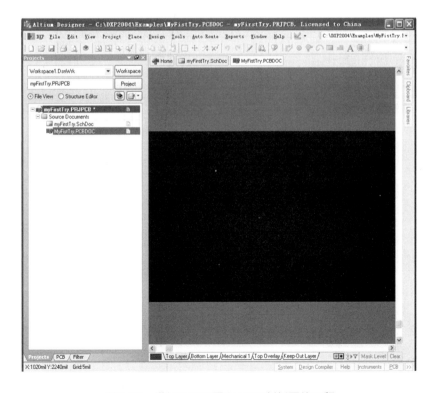

图 2.29　增加了原理图和 PCB 制板图的工程

2.3.3 设计原理图

下面以将图 2.30 所示的草图设计成原理图的过程为例,介绍设计原理图的具体步骤。一般来说,在设计以前绘制草图是一个好的习惯。

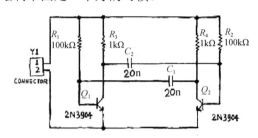

图 2.30　原理图草图

通常,在开始设计原理图之前,需要对制图环境进项设置,主要包括设置图纸大小、标题栏、鼠标捕捉精度等信息。这个设置在菜单 Design→Document Options 命令打开的对话框中完成。这个过程跟使用 AutoCAD 软件一样,故不再赘述。

单击工程框架里面的原理图文件名 myFirstTry.SchDoc,进入设计原理图的环境,如图 2.31 所示。

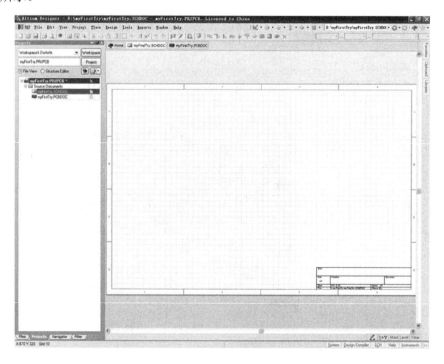

图 2.31　原理图设计环境

按住 Ctrl 键，用鼠标中键滚轮放大、缩小绘图的图纸，可以看到图纸上有网格。这些网格是定位元件的参考格点，其间距以 mil 为单位，可以在 Document Options 对话框中完成设置。

一般设计原理图的第一步是根据绘制的草图从元件库里把元件全部找出来，并放置在纸型上与草图相应的位置，然后再连接导线或总线使之成为电路图。从图 2.29 的草图可知，所要选择的元件有 2 个 100kΩ 的电阻、2 个 1kΩ 的电阻、2 个 2N3904 的晶体管(三极管)、2 个 20μF 的电容和一个 2 管脚连接件。从元件库里面将它们全部找到并放置到与草图基本一致的位置，如图 2.32 所示。

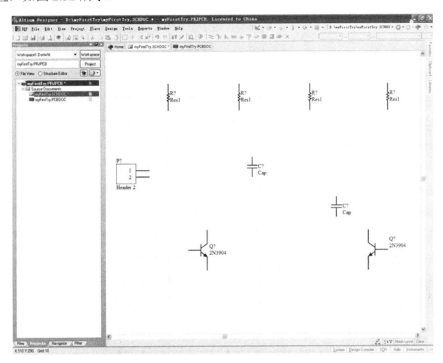

图 2.32　在图纸上放置元件

注意：元件库里面有数以千计的元件，如果不熟悉的话很难一下子找到。但是利用通配符*，即使在设计者只知道元件名字的部分字符的情况下，也能快速找到所需元件。例如，设计者不知道 2N3904 这个元件完整的名字，只记得 3904 这几个关键字，那么设计者只要输入"*3904"，就能快速找到 2N3904 这个元件。

在放置元件时，可以按照以下方法来做。

(1) 双击选择的元件。

(2) 将鼠标指针拖到拟放置的位置，不要松开，使所选元件处于悬浮状态。

(3) 观察元件的上、下、左、右是否跟草图一致，如不一致，用快捷键 X(左右翻转)、

Y(上下翻转)以及空格(键旋转 90°)调整，直到元件的位置与草图的一致。

读者会注意到，放置在图纸上的元件名字后面都有一个问号(？)，也没有具体数值。因此要设置元件所需的名称和参数值，比如电阻的阻值、电容的容值(输入电容值时以 n 代表 μ)等。双击所要设置的元件，弹出设置元件属性的对话框，如图 2.33 所示。按照图中的说明，即可设置属性。

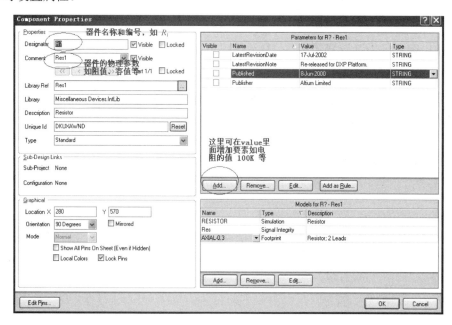

图 2.33　元件属性对话框

放置了所有的元件后，就可以连接元件了。将导线连接到每个元件相应的引脚上。如果元件位置未对正，可以单击并拖动元件体使之对正。图 2.34 所示是连好导线的结果。

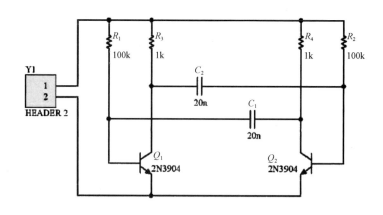

图 2.34　连接导线

下面开始识别网络并为每个网络设置网标。前已述及，电路中彼此连接在一起的一组元件引脚称为一个网络(net)。例如，图 2.34 中，Q_1 的基极、R_1 的一个引脚和 C_1 的一个引脚三者连在一起，形成一个网络。对于每个网络，需要赋予一个网标。一般来说，首先应该将电源和接地网络找出并设置好，这是因为制板时需要将二者分别置于电源层和接地层。在本次设计的例子中，从图 2.34 可以看出，连接件 Y1 有正负极，4 个电阻与其正极相连的管脚形成电源网络；三极管的集电极与 Y1 的负极相连，形成接地网络 GND。从菜单栏中选择 Place → Net Label 命令，分别在适当的位置放置网标 12V 和 GND，如图 2.35 所示。至此，完成了原理图的设计。

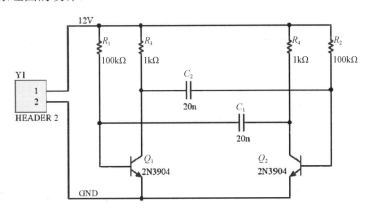

图 2.35　设置电源与接地网标

　　为了确保设计的原理图准确无误，可以执行 Project→Compile Document 命令对原理图进行编译。如果有错误出现，则会弹出一个错误信息窗口，将错误显示出来。常见的错误有：两个元件用了相同的名字、导线没有连接到元件管脚、网标冲突等。如果弹出了错误信息窗口，需要检查设计的电路并确认所有的导线和连接是正确的。如果编译后没有弹出信息窗口，则说明设计通过了。

2.3.4　设计 PCB 板

　　在确定原理图没有错误之后，就可以开始设计 PCB 板了。首先需要设置板子的大小、层数等参数。Altium Designer 提供了 PCB 板设置向导，帮助设计者做一些通用设置，包括板子的大小、层数等。按照图 2.36 中所述步骤，可以很快找到设置板子的菜单和工具。

　　鉴于本次设计所用元件少，本次 PCB 板子的尺寸定为 2×2 英寸，在 Width 和 Height 栏中输入 2000(默认板子的形状是矩形)，如图 2.37 所示。

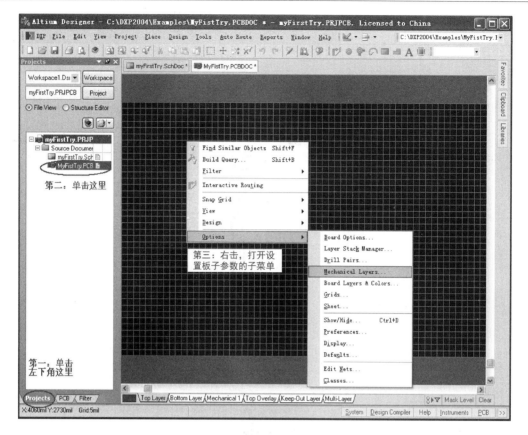

图 2.36　设置 PCB 板子的参数

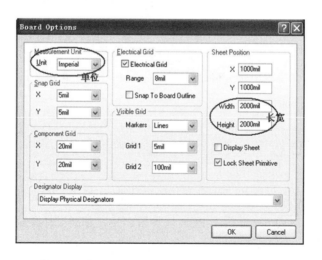

图 2.37　设置 PCB 矩形板子长度单位及长和宽

　　设置板子的几何尺寸后，还需要设置板子的层数。按照设置板子尺寸的方法，右击，弹出设置菜单(参考图 2.36)，选择 Options→Layer Stack Manager 命令，出现如图 2.38 所示的层数管理工具。

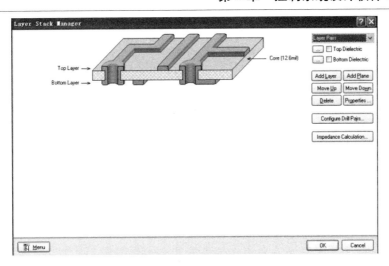

图 2.38　设置板子层数

从图 2.38 可以看出，这个层数管理工具默认为双层板，包含一个 Top Layer 和一个 Bottom Layer。事实上，它可以增加层、删除层，完成对板子层的诸多处理。鉴于本例设计的元件少，没有很复杂的电路连接，这里选择默认值双层板。

除了几何尺寸和层数设置以外，PCB 板还要设置很多其他内容，如过孔、焊盘、元件的最小间距等。这些都是要在设计工作中逐渐熟悉的，本书不做介绍。作为初学者，设置了板子的尺寸后，就可以导入原理图进行布局和具体设计 PCB 了。

回到原理图工作空间，在 Design 菜单中选择 Update PCB 命令来启动原理图到 PCB 的转换，得到如图 2.39 所示的对话框，在对话框中单击 Validate Changes 按钮，再单击 Execute Changes 按钮即可实现将原理图送到 PCB。

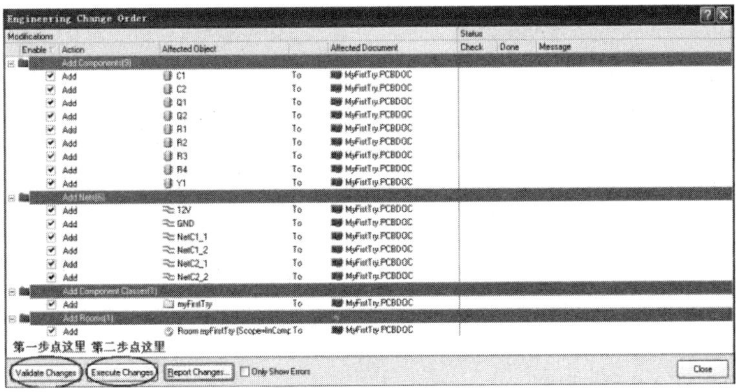

图 2.39　原理图转换为 PCB

拖动 PCB 工作窗口底部的滑动条(或者用快捷键 V、D)，可以找到转化过来的元件封装及其连接关系图，如图 2.40 所示。这个图中的数据就是布线、布局的基础。

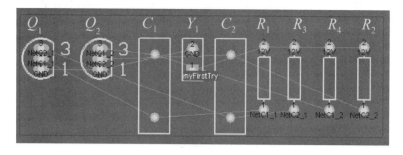

图 2.40 从原理图转换的元件及其连接关系

现在就可在 PCB 上放置元件(布局)和布线。PCB 板上元件布局涉及多方面的原则。一般来说，同类器件就近放置以便模块、器件之间不出现干扰，整版质量均匀，易于散热，易于测试和维修，易于接电等都需要考虑。为此，本次设计中的 4 个电阻置于一排，两个电容置于一排，两个三极管置于一排，三排按照上下并排放置后，将连接器置于一侧便于连接电源。需要注意的是，在布局过程中要注意观察飞线的情况，尽量减少交叉，因为飞线反映了管脚之间的连接关系，交叉不利于后续布线。布局后得到如图 2.41 所示的效果。

完成布局后，就可以进行布线了。布线以前，需要选择一个禁止布线区，为此切换工作层到 Keep-Out Layer。选择菜单 Place→Line 命令，画一个矩形包含全部元件。这样矩形以外就是禁止布线区域了，如图 2.42 所示。

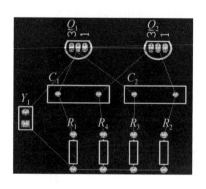

图 2.41 布局效果图

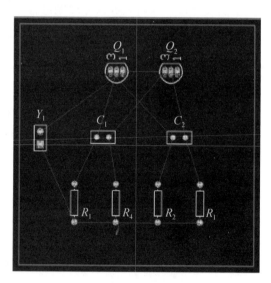

图 2.42 增加禁止布线区域

布线就是用导线将元件连接起来。Altium Designer 提供了手工布线和自动布线两种方式。一般来说，对于不是非常复杂的电路，Altium Designer 的自动布线功能基本能够帮助设计者完成布线。如果设计者偏爱手工布线或者电路非常复杂致使自动布线效果不理想，

则可以采用手工布线。本例设计的电路简单，采用自动布线即可完成。选择 Auto Route→
All 命令，在弹出的对话框中选择 Route All，即完成了布线，效果如图 2.43 所示。

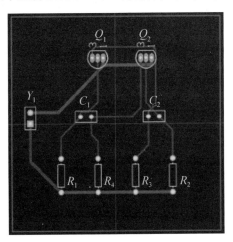

图 2.43　自动布线效果

　　从布线效果来看，两层都有布线。通过放大图像并单击元件查看属性，可以发现所布
线跟原理图是一致的。因为所设计的板子上面布线简单，属于单点接地，因此不需要覆铜
处理。至此，完成了 PCB 板的设计。如果设计者想留下版本、版权等信息，可以在 Top
Overlay(丝印层)的空白地方写上。若考虑安装紧固，则在适当位置加入过孔(via)。最后将相
关设计数据提交给 PCB 制板工程师，就可以制板了。

第3章 计算机控制系统的总框架

本章介绍控制系统的整体结构框架，包括开环控制与闭环控制的系统总体结构。本章旨在让读者对控制系统的宏观架构有一个初步了解。

3.1 信号、传感器与环

从前面章节的学习可以知道，一个 CCS 是通过计算机去控制一个被控对象实现一个任务，而设计和实现一个 CCS 的具体工作，在于设计印制电路板(PCB 板)，制作所设计的 PCB 板，将元器件焊接在 PCB 上，烧制(下载)实现控制算法的程序到控制计算机，连接被控对象并反复修改调试直到得到期望的效果。那么计算机是怎样实现对受控对象的控制，又是如何控制的呢？本节将回答并说明这个问题。

3.1.1 信号

"信号"一词普遍存在于人类社会的各个方面，如光信号、声信号和电信号等。那么信号的内涵是什么呢？古代人们利用点燃烽火台产生的滚滚狼烟，向远方军队传递敌人入侵的消息，属于光信号；当我们说话时，传递到他人耳朵的声音属于声信号；遨游太空的各种无线电波、四通八达电话网中的电流等，都可以用来向远方传达各种消息，属于电信号。人们通过对光、声、电信号进行接收，才知道对方要表达的消息。由此可以归纳出：信号是表示消息的一种物理量。

幅度、频率和相位是描述信号的基本要素。幅度通常对应信号的强弱，如光的明暗程度、声音的大小、电压的高低；频率用于描述信号发生的快慢程度；而相位则描述信号对应于时间的状态(或位置)。

任何一个物理量，都可以通过相应的模型来进行研究和分析。这些模型包括数学关系、取值特征、能量功率、所具有的时间函数特性等。而信号可以分为确定性信号和非确定性信号(又称随机信号)、连续信号和离散信号、能量信号和功率信号、时域信号和频域信号、时限信号和频限信号、实信号和复信号等。

CCS 主要涉及模拟信号和数字信号以及二者之间的转换。在信号分析方面，主要涉及时域分析与频域分析。

(1)　模拟信号(analog signal)是指用连续变化的物理量所表达的信息，如温度、湿度、压力、长度、电流、电压等，通常又称为连续信号，它在一定的时间范围内可以有无限多个不同的取值。模拟信号分布于自然界的各个角落，实际生产生活中的各种物理量都是模拟信号。

模拟信号对时间的波形是连续的，如图 3.1 所示。

因为波形是连续的，因此理论上或在理想情况下，它具有无穷大的分辨率。这也是模拟信号的主要优点：精确的分辨率。

模拟信号可以通过采样获得。采样就是把输入的模拟信号按适当的时间顺序进行周期性地抽取样值的过程。CCS 中常常需要采样器来获取模拟信号。

模拟信号传输过程中，先把信息信号转换成几乎"一模一样"的波动电信号(因此叫"模拟")，再通过有线或无线的方式传输出去；电信号被接收下来后，通过接收设备还原成信息信号。早前的电视、电话就是采用模拟信号传输的。

模拟信号的主要缺点是它总是受到杂讯(信号中不希望得到的随机变化值，即随机噪声)的影响。信号被多次复制，或进行长距离传输之后，这些随机噪声的影响可能会变得十分显著。噪声效应会使信号产生有损。有损后的模拟信号几乎不可能再次被还原，因为对信号的放大也同步放大了噪声。这种缺点使得模拟信号"保真"的成本(技术成本和经济成本)很高。这也是近年来很多方面(如广播和电视)，模拟信号逐步被数字信号取代的原因。

(2)　数字信号(digital signal)即在时间上是离散的，在幅度上也是离散的并且只能取有限个数值的信号。这种信号的自变量用整数表示，因变量用有限数字中的一个数字来表示。在图像上，表现为时间整数节点上跳动的脉冲，如图 3.2 所示。在计算机中，数字信号的大小常用有限位的二进制数表示。

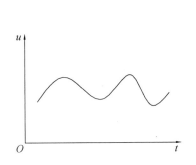

图 3.1　模拟信号对时间的连续波形

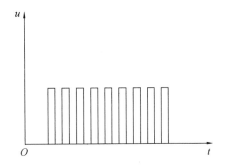

图 3.2　整数节点上跳动的脉冲

与模拟通信相比，数字通信虽然占用信道频带较宽，但它具有抗干扰能力强，无噪声积累，便于存储、处理和交换，保密性强，易于大规模集成，实现微型化等优点。在实际的数字信号传输中，更加节约信号传输通道资源，得到越来越广泛的应用。

数字信号可以通过多种途径产生。将模拟信号经过采样、量化和编码是一种获得数字信号的方法。采样就是把输入的模拟信号按适当的时间间隔得到各个时刻的样本值。量化是把经采样测得的各个时刻的值用二进制码来表示。编码则是把时间 t 划分成二进制数排列在一起形成顺序脉冲序列。

在 CCS 中，计算机系统实施各类动态操作时也生成多种数字信号，多数控制信号由 CPU 生成。一些功能部件也可能生成部分控制信号，以配合 CPU 完成较复杂的操作。控制信号中，有的是微处理器送往存储器和输入/输出设备接口电路的，比如读/写信号、片选信号、中断响应信号等；也有的是其他部件反馈给 CPU 的，比如中断申请信号、复位信号、总线请求信号、设备就绪信号等。

模拟信号和数字信号之间可使用特定的转换器件相互转换，CCS 设计中经常要考虑二者的转换。现在市面上有许多数模转换的器件可供设计者使用，本书后面有专门介绍相关内容的章节，这里不再赘述。

3.1.2　PWM 信号

在 CCS 相关的文献中，经常会看到"脉冲信号"这个术语。在电子技术中或者 CCS 中，脉冲信号是一个按一定电压幅度、一定时间间隔连续发出的离散信号，其形状多种多样。脉冲信号不是数字信号，而是一种特殊的模拟信号；与普通模拟信号(如正弦波)相比，脉冲信号的波形之间在时间轴上不连续(波形与波形之间有明显的间隔)，但具有一定的周期性。最常见的脉冲波是矩形波(也就是方波)。脉冲信号可以用来表示信息，也可以用来作为载波，比如脉冲调制中的脉冲编码调制(PCM)等，还可以作为各种数字电路、高性能芯片的时钟信号。

脉冲宽度调制(PWM)信号是 CCS 中应用十分广泛的脉冲电压信号。它是一种对模拟信号电平进行数字编码的方法，通过对一系列脉冲的宽度进行调制等效出所需要的波形(包含形状以及幅值)。

假如有一个模拟电平 $u=u(t)$ 是按照如图 3.3 所示的波形变化，具有周期 T。按照等时间分割的原则，将它分割成若干小区间，第 i 个区间的面积为 S_i。取 u 在区间上的平均幅值 A，以曲边矩形 S_i 的中线为基准，做一个以 A 为高度的等面积矩形 S_i' 在下面，那么矩形 S_i' 的宽度为 S_i/A。这样一来，下面的每个等面积小矩形的宽度都在变化。同时也发现，经过等效面积变化后，连续的信号变成了脉冲信号。这个按照等效矩形方法调整宽度而得到的脉冲信号就是 PWM 信号。

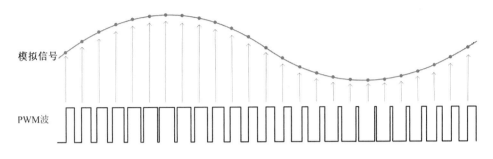

图 3.3　PWM 的几何释义图

图 3.4 给出了一般波形与 PWM 波的对比，可见 PWM 波的宽度变化。

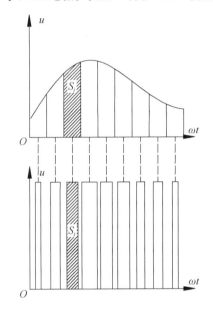

图 3.4　PWM 波形与连续波形

对于正弦波的负半周，采取相同的方法，得到 PWM 波形，因此正弦波一个完整周期的等效 PWM 波形如图 3.5 或图 3.6 所示。其中，图 3.6 的表示在工程中更常见。

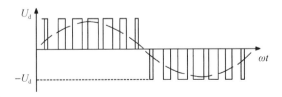

图 3.5　带符号的 PWM 波形 1

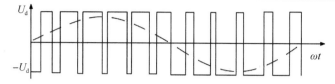

图 3.6　带符号的 PWM 波形 2

用等效矩形的方式来表示模拟信号，实际上每个矩形的宽度都跟信号原来的波幅有关。同时，如果用等效小矩形出现的地方代表高电平，消失的地方(空白)代表低电平，那么可以看到，在一定的时间段(如一个信号周期)内，如果等效小矩形的总面积大于空白的总面积，则在这个时间段里高电平信号比较密集，出现的次数多，因此出现"占空比"(duty ratio)这个术语。占空比即在一个周期内信号处于高电平的时间占据整个信号周期的百分比。

从数学上可以看出，占空比 ρ 可以按照如下公式计算：

$$\rho = \frac{\int_0^T u(t)\mathrm{d}t}{PT}$$

式中，P 是 PWM 波的幅度(通常取 u 在区间上的平均幅值，$P = \frac{1}{T}\int_0^T u(t)\mathrm{d}t$)，T 是信号 u 的周期。

由于在一个周期内，积分 $\int_0^T u(t)\mathrm{d}t$ 是一个定值，因此，占空比 ρ 与 PWM 信号的幅度 P 成反比例。因为 P 是等效矩形的高度，它与宽度成反比例，所以占空比与等效矩形的宽度成正比例。从而，大的占空比意味着等效矩形总宽度较大，即在电平周期 T 内处在高电平的时间多，总通电时间长。在信号处理技术中，经常通过占空比调整脉冲信号的持续时间。

频率也是描述 PWM 信号的一个指标。PWM 的频率是指每秒信号从高电平到低电平再回到高电平的次数。频率越高，输出响应越快；频率越低，输出响应越慢。

有很多电子器件都能生成 PWM 波，例如，伺服电动机驱动器就是输出 PWM 波到伺服电动机的。

3.1.3　传感器与变送器

前面在介绍获取模拟信号的方法时提到了"采样"。采样是通过采样器获得的，采样器又叫传感器。

传感器(transducer/sensor)是一种检测装置，能感受到被测量的信息，并能将感受到的信息按一定规律变换成电信号或其他所需形式的信息输出，以满足信息的传输、处理、存储、显示、记录和控制等要求。

国家标准 GB7665—87 将传感器定义为：能感受规定的被测量并按照一定的规律(数学函数法则)转换成可用信号的器件或装置，通常由敏感元件和转换元件组成。其中，敏感元件是传感器中能直接感受或响应被测量(输入量)的部分，转换元件是传感器中能将敏感元件感受的或响应的被测量转换成适于传输和(或)测量的电信号的部分。图 3.7 所示为传感器的基本组成和工作原理示意图。

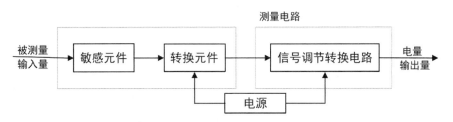

图 3.7　传感器的基本组成和工作原理示意图

现代工业生产尤其是在自动化生产过程中，要用各种传感器来监测和控制生产过程中的各个参数，使设备工作在正常状态或最佳状态，并使产品达到最好的质量。没有众多的优良的传感器，现代化生产就失去了基础。

传感器也广泛应用于基础科学研究中。从宏观上要观察上千光年的茫茫宇宙到微观中的粒子世界，传感器成为观察世界的基础。在深化物质认识、开拓新能源、新材料方面，如超高温、超低温、超高压、超高真空、超强磁场、超弱磁场等，要获取大量人类感官无法直接获取的信息，没有相适应的传感器是不行的。

传感器早已渗透到诸如工业生产、宇宙开发、海洋探测、环境保护、资源调查、医学诊断、生物工程，甚至文物保护等极其广泛的领域。毫不夸张地说，从茫茫的太空，到浩瀚的海洋，以至各种复杂的工程系统，几乎每一个现代化项目，都离不开各种各样的传感器。

(1)　按用途分类，传感器可分为压力敏传感器、位置传感器、液位传感器、能耗传感器、速度传感器、加速度传感器、射线辐射传感器、热敏传感器、温度传感器、湿度传感器、空气传感器等。

(2)　按原理分类，传感器可分为振动传感器、湿敏传感器、磁敏传感器、气敏传感器、真空度传感器、生物传感器等。

(3)　按输出信号分类，传感器可分为模拟传感器——将被测量的非电学量转换成模拟电信号，数字传感器——将被测量的非电学量转换成数字输出信号(包括直接和间接转换)，开关传感器——当一个被测量的信号达到某个特定的阈值时，传感器相应地输出一个设定的低电平或高电平信号。

(4) 按作用形式分类，传感器可分为主动型和被动型传感器。主动型传感器又有作用型和反作用型，此种传感器对被测对象发出一定探测信号，能检测探测信号在被测对象中所产生的变化，或者由探测信号在被测对象中产生某种效应而形成信号。检测探测信号变化方式的传感器称为作用型，检测产生响应而形成信号方式的传感器称为反作用型。雷达与无线电频率范围探测器是作用型实例，而光声效应分析装置与激光分析器是反作用型实例。被动型传感器只是接收被测对象本身产生的信号，如红外辐射温度计、红外摄像装置等。还有许多其他分类，这里不再赘述。

控制系统会使用多种传感器。一般首先从功能方面选择，然后根据灵敏度、频率响应特性、量程、稳定性和精度等方面来选择合适的传感器。

通常，在传感器的线性范围内，希望传感器的灵敏度越高越好。因为只有灵敏度高时，与被测量变化对应的输出信号的值才比较大，有利于信号处理。但要注意的是，传感器的灵敏度高，与被测量无关的外界噪声也容易混入，会被放大系统放大，影响测量精度。因此，要求传感器本身应具有较高的信噪比，尽量减少从外界引入干扰信号。传感器的灵敏度是有方向性的。当被测量是单向量，而且对其方向性要求较高时，则应选择其他方向灵敏度小的传感器；如果被测量是多维向量，则要求传感器的交叉灵敏度越小越好。

传感器的频率响应特性决定了被测量的频率范围，必须在允许频率范围内保持不失真。实际上传感器的响应总有一定延迟，当然延迟时间越短越好。传感器的频率响应越高，可测的信号频率范围就越宽。在动态测量中，应根据信号的特点(稳态、瞬态、随机等)确定响应特性，以免产生过大的误差。

量程是传感器的测量范围。理论上，在此范围内，灵敏度保持定值。在选择传感器时，当传感器的种类确定以后，首先要看其量程是否满足要求。

传感器使用一段时间后，其性能保持不变的能力称为稳定性。影响传感器长期稳定性的因素除传感器本身结构外，主要是传感器的使用环境。因此，要使传感器具有良好的稳定性，传感器必须有较强的环境适应能力。选择传感器之前，应对其使用环境进行调查，并根据具体的使用环境选择合适的传感器，或采取适当的措施减少环境的影响。传感器的稳定性有定量指标，在超过使用期后，使用前应重新进行标定，以确定传感器的性能是否发生了变化。在某些要求传感器能长期使用而又不能轻易更换标定的场合，所选用的传感器稳定性要求更严格，要能够经受住长时间的考验。

　　精度是传感器的一个重要性能指标，它是关系到整个测量系统测量精度的一个重要环节。传感器的精度越高，其价格越昂贵，因此，传感器的精度只要满足整个测量系统的精度要求就好，不必选得过高。这样就可以在满足同一测量目的的诸多传感器中选择比较便宜和简单的传感器。如果测量目的是定性分析，选用重复精度高的传感器即可，不宜选用绝对量值精度高的；如果是为了定量分析，必须获得精确的测量值，就需选用精度等级能满足要求的传感器。

　　变送器是从传感器发展而来的，是能输出标准信号的传感器。标准信号是指物理量的形式和数量范围都符合国际标准的信号。由于直流信号具有不受线路中电感、电容及负载性质的影响，不存在相移问题等优点，所以国际电工委员会(IEC)将电流信号 4～20mA(DC)和电压信号 1～5V(DC)确定为控制系统中模拟信号的统一标准。

　　变送器按输出信号类型可分为电流输出型和电压输出型两种。电压输出型变送器具有恒压源的性质，电流输出型变送器具有恒流源的性质。电流信号传输与电压信号传输各有特点。电流信号适合于远距离传输，电压信号可使得"并联制"连接出现在各种电路中。

3.1.4　开环和闭环

　　开环和闭环是描述信号传输的术语。电路中某个设备(元器件)同时具有信号发出和接收端，若其发出端有信号发出且接收端有信号返回，则该设备及其返回信号的电路系统形成一个闭环。如果发出端有信号发出而接收端没有信号返回，则该设备及其信号传输系统形成开环。

　　图 3.8 是闭环的示意图。

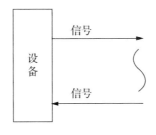

图 3.8　闭环示意图

　　在模拟电路中，三极管及其反馈电路构成闭环，如图 3.9 所示。开环和闭环是控制系统的两种主要形式。

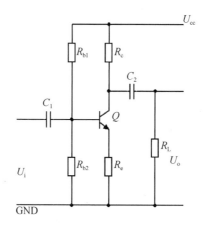

图 3.9　三极管及其反馈电路

3.2　开环结构的控制系统

开环结构的控制系统简称开环控制系统，是指一个输出只受系统输入控制、没有反馈回路的系统。因此开环控制系统是输入信号不受输出信号影响的控制系统，也就是不将控制的结果反馈回来影响当前控制的系统。

如用框图来表示的话，开环控制系统是由控制器和被控对象组成，由输入端通过输入量经控制器控制(调整)后将指令传递到被控对象，再经被控对象输出输出量，如图 3.10 所示。

图 3.10　开环控制系统示意图

在上述开环控制系统中，控制器是将控制信号变成控制作用的部件，是实现对设备(或系统)控制的主要部件；输入量通常与激发控制器的预设条件相关联，一般是由传感器获取或者事先设定的值；输出量则与被控对象产生的效果相关。例如，图 3.11 所示为控制教室上课自动开启电铃的系统，其输入量是事先设定的时间，输出量则是敲击电铃的频率。

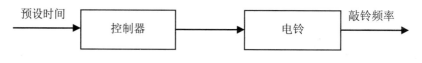

图 3.11　控制电铃的系统

再如，许多楼道都安置了通过声音开启的夜间照明系统。夜间进入楼道时，如果路灯没有亮，咳嗽一声或者跺脚就可以打开路灯。这时的输入量是时间和声音，输出量是打开灯的开关，如图 3.12 所示。

图 3.12　声控路灯系统

有时，控制器更多的是将指令发送给一个执行器(执行机构)，再由执行器处理被控对象，形成如图 3.13 所示的开环控制系统。

图 3.13　加入执行器的开环系统

执行器(执行机构)是一个可以接收操作(operation)信号并能产生相应动作的模块，在机电控制系统中，主要是指开关、电动机、继电器、电磁阀、气缸等。控制量是度量执行器所发出动作的物理量，如开关的开合状态、电动机正反转动等。

在 CCS 中，只有极少数控制器能直接将控制信号如图 3.10 那样直接传递给被控对象，绝大多数是按照图 3.13 那样通过执行器来控制被控对象。因此将图 3.13 与图 3.10 整合后，概括开环系统的总体结构如图 3.14 所示。

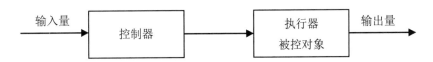

图 3.14　开环系统总体结构图示

在工业应用中，开环控制系统有非常广泛的应用。以下是相关的例子。

例 1　家用窗帘自动控制系统。该系统通过检测室内光线的明暗程度，通过电动机转动来控制窗帘的开闭，如图 3.15 所示。

例 2　宾馆自动门控制系统。该系统通过检测人体热辐射信号，再通过电动机控制自动门开合，如图 3.16 所示。

例 3　楼道声控灯装置，参见图 3.17。

图 3.15　窗帘自动控制系统

图 3.16　自动门控制系统

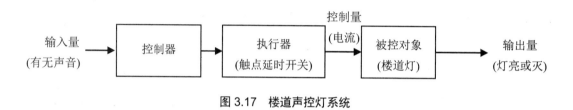

图 3.17　楼道声控灯系统

例 4　游泳池定时注水系统,参见图 3.18。

图 3.18　游泳池定时注水系统

例 5　十字路口的红绿灯定时控制系统,参见图 3.19。

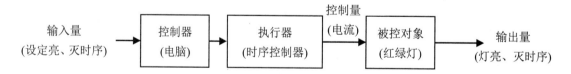

图 3.19　红绿灯定时控制系统

　　读者可以通过上述例子体会开环控制的特点。还有很多其他应用,如公园音乐喷泉自动控制系统、自动升旗控制系统、宾馆火灾自动报警系统、宾馆自动叫醒服务系统、活动门控制系统、公共汽车车门开关控制系统、家用缝纫机缝纫速度控制系统、根据车流量大小自动改变红绿灯时间控制系统、普通全自动洗衣机控制系统、手电筒控制装置、宾馆自动门加装压力传感器防意外事故自动控制系统、可调光台灯控制系统、电吹风控制系统以及普通电风扇控制系统等。读者可参考以上例子画出相应的控制系统框图,这里不再赘述。

一般来说,开环控制系统结构比较简单,成本较低。开环控制系统的缺点是控制精度不高,抑制干扰能力差,而且对系统参数变化比较敏感,一般用于可以不考虑外界影响或精度要求不高的场合,如洗衣机、步进电动机控制装置以及水位调节系统等。

3.3 闭环结构的控制系统

闭环控制系统是把控制系统输出量的一部分或全部,通过一定的方法和装置反送回系统的输入端,然后将反馈信息与原输入信息进行比较,再将比较的结果施加于系统进行控制,避免系统偏离预定目标。闭环控制系统利用的是负反馈。即由信号正向通路和反馈通路构成闭合回路的自动控制系统,所以它又称反馈控制系统。图 3.20 给出了闭环控制系统的总体结构示意图。

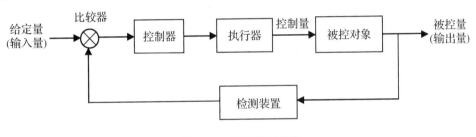

图 3.20 闭环控制系统

对照开环系统的结构(图 3.10)与闭环系统的结构(图 3.20)可以看出,闭环系统是在开环系统的架构上增加了用于反馈信息的检测装置。这是将被控物理量转换成电信号元件,以实现反馈控制和监测被控物理量的作用。

由于闭环系统增加了反馈信息的功能,它相比开环具有更好的控制效果,被广泛应用于精密和稳健控制相关的场合。

例 6 闭环水位控制系统。如图 3.21 所示,这是一个控制水位的系统。浮球可以检测水位的高低,这个信息通过杠杆调节进水阀门以实现对水位的调节、控制。这个调节作用也是一个负反馈过程,当水位升高时,浮球位置上移,从而使阀门下移,减小进水量,水位不再上升。当水位下降时,浮球位置下移,从而使阀门上移,增加进水量,水位不再下降。

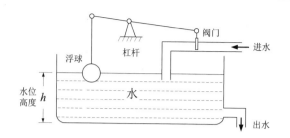

图 3.21　浮球水位控制原型示意图

这个简单的水位控制系统通过浮球和杠杆来实现，可以设计一个闭环控制系统来处理。如图 3.22 所示[图中加号(+)、减号(−)分别表示信号增大、减小]，输入信号是浮球的理想位置，被控对象是进水阀门，被控量是水池的水位。可以看出，浮球的实际位置是水位的检测信号。

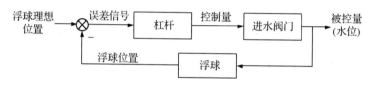

图 3.22　水位控制闭环系统原理图

例 7　直流发电动机的励磁调节电压控制系统。系统的物理原型如图 3.23 所示，是一个通过调节励磁，控制输出电压的直流发电动机系统。控制作用的实现是由输入信号电压控制励磁电源的电压输出，再由励磁电源的输出电压来控制直流发电动机的输出电压。反馈信号从输出电压通过分压器得到，然后直接送入励磁电源输入端，形成负反馈控制。调节输出电压可以通过调节输入信号的大小来实现，当需要输出电压升高时，可以调节输入信号电压增大；当需要输出电压减小时，可以使输入信号电压减小。引起输出电压波动的主要干扰一般是负载电流的大小，负载增加时，可能引起输出电压下降。环境温度、发电动机和励磁电源的参数变化，也可能引起输出电压变化。因此，其控制系统是一个闭环系统，模型如图 3.24 所示。

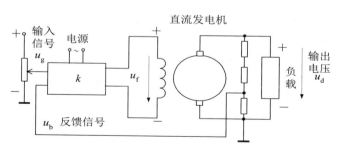

图 3.23　励磁调节电压控制系统

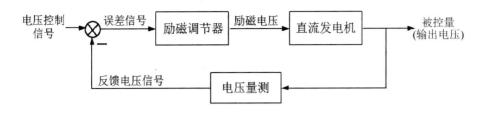

图 3.24　励磁调节电压控制系统原理图

例 8　晶体管直流稳压电源。如图 3.25 所示，晶体管直流稳压电源通过电压调节功能，可以在输入电压一定的波动范围内保持输出电压的基本稳定，这个系统也是建立在负反馈控制原理上的。调节输出电压是通过晶体管的输入电流来实现的，当输入电流较大时，晶体管的发射极输出电流大；当输入电流较小时，晶体管的发射极输出电流小，从而调节输出的电压大小。当晶体管全导通时，晶体管进入饱和状态，则输出电压达到最高，并失去调节作用。输出电压信号检测通过分压器实现，在运算放大器的输入端，输出信号与基准电压信号进行比较，由此得到的偏差信号控制运算放大器输出电流大小，从而控制晶体管的输入电流和输出电压。在电路图中，测量元件是分压器，执行元件是晶体管，给定信号是稳压二极管的基准电压。欲调节稳压电源的输出电压，可通过调节稳压管的基准电压，或分压器的分压比例来实现，但输出电压不能高于输入电压加饱和时的管压降(约 0.7V)。这是一个闭环控制系统，如图 3.26 所示。

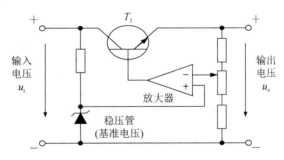

图 3.25　晶体管直流稳压电源

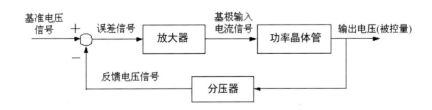

图 3.26　晶体管直流稳压电源控制原理图

例9 加热炉的温度自动控制系统。原理如图3.27所示。

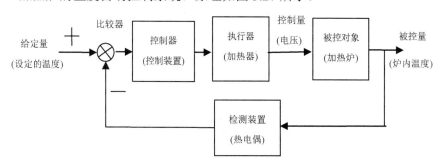

图3.27 温度自动控制系统原理图

例10 抽水马桶的自动控制系统。原理如图3.28所示。

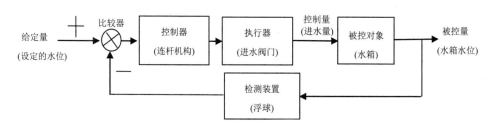

图3.28 抽水马桶的自动控制系统原理图

例11 夏天房间温度控制系统。原理如图3.29所示。

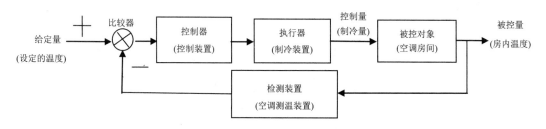

图3.29 房间温度控制系统原理图

例12 家用电饭锅保温控制系统。原理如图3.30所示。

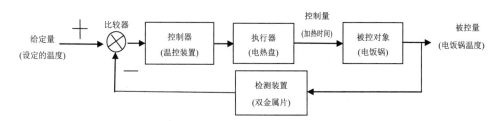

图3.30 电饭锅保温控制系统原理图

例13 家用电冰箱温度控制系统。原理如图3.31所示。

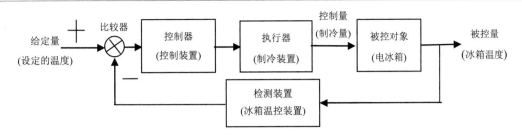

图 3.31　电冰箱温度控制系统原理图

与开环控制系统相比，闭环控制具有一系列优点。在反馈控制系统中，不管出于什么原因(外部扰动或系统内部变化)，只要被控制量偏离规定值，就会产生相应的控制作用去消除偏差。因此它具有抑制干扰的能力，对元件特性变化不敏感，并能改善系统的响应特性。当然，反馈回路的引入增加了系统的复杂性，而且增益选择不当时会引起系统的不稳定。

在闭环控制系统中，不论是输入信号的变化，还是干扰的影响，或者系统内部参数的改变，只要是被控量偏离了规定值，都会产生相应的处理去消除偏差。因此，闭环控制抑制干扰能力强。与开环控制相比，闭环系统对参数变化不敏感，可以选用不太精密的元件构成较为精密的控制系统，获得满意的动态特性和控制精度。但是采用反馈装置需要添加元部件，造价较高，同时也增加了系统的复杂性；如果系统的结构参数选取不适当，控制过程可能变得很差，甚至出现振荡或发散等不稳定的情况。因此，如何分析系统，合理选择系统的结构和参数，从而获得满意的系统性能，是自动控制理论必须研究解决的问题。

第 4 章　计算机控制系统的基本组成

　　输入、控制和输出是控制系统的基本行为。本章介绍 CCS 的基本组成，包括由 AD 转换与调理组成的输入块，由计算机实施的处理与控制块，以及由 DA 转换、保持器组成的执行与输出块，旨在为 CCS 的详细设计提供指引。

4.1　计算机的数字特征与 CCS 的三大模块

　　从控制系统总框架组成可知，无论是开环系统还是闭环系统，控制系统都包含输入量、控制器、(执行器+被控对象)和输出量四个要素。从本节标题来看，CCS 系统的基本组成为三大块。控制系统的四个要素与 CCS 的三大块关系怎样呢？本节对此做出说明。

4.1.1　计算机的数字特征

　　学习计算机控制技术、设计 CCS 及从事其他与计算机相关的设计时，要永远记住一个原则：计算机只能处理数字量(数字信息)。这就是计算机的数字特征。事实上，大学一年级的计算机应用基础课程已经对这个特征做了介绍：计算机采用二进制来表示和处理信息，二进制信息是典型的数字信号。

　　计算机的数字特征可以用图 4.1 来助记。

图 4.1　计算机的数字特征助记图

4.1.2　CCS 的三大块

　　现在再来看控制系统的输入量、控制器、执行器和输出量四个要素。不难看出，输入量、输出量属于物理量的范畴，控制器和执行器属于元器件。因此，四个要素实际上反映了两个方面的内容：量的输入输出与处理这种输入输出的硬件单元(元器件或模块)。从系统设计的角度，硬件单元是组成系统的物理成分，而量是系统处理的信息流。由于输入和输出都需要相应的硬件来实现,因此从硬件设计的角度来看,一个控制系统是由输入块(block)、处理与控制块和执行与输出块三大块组成的。为方便起见,后文将"执行与输出块"简称"执行块",事实上该块包括了执行器、受控对象及其输出通道。图 4.2 给出了三大块的关系。

图 4.2　控制系统三大块的物理组成

输入块负责接收输入信号并将其输入到处理与控制块。输入信号包括初始输入信号和闭环反馈电路反馈的信号。处理与控制块根据接收到的信息,按照事先设计好的控制方法进行处理并根据处理结果发出控制指令。对一般控制系统而言,该部分可以由任何控制器来实施。执行块负责将处理与控制模块发出的控制指令变成执行动作,让受控对象执行并输出相应信息。

作为一般控制系统的一个子集,CCS 直接采用计算机作为控制器。因此,CCS 物理组成的三大块是输入块、计算机和执行块,如图 4.3 所示。

图 4.3　CCS 物理组成的三大块

这样的组织划分主要是依据计算机的数字特征,其特征是:输入块输出的是数字信号,执行块输入的是数字信号,而计算机则输入和输出数字信号。

无论是开环还是闭环,一个 CCS 必须具备上述的三大块。当然,三大块的输入块、执行块在不同的信息流和不同控制方案下会有不同的形式,但是总体上仍然是"输入+计算机+执行"的架构。在从事 CCS 设计时,首先应该按此架构来进行规划。

4.2　输入块的基本要素

前一节已述，输入块负责传递信号给计算机，是 CCS 获取输入量的基础。输入量主要源于传感器的采样数据或者其他数据发生器产生的数据，包括模拟信号和数字信号。传感器输出的信号类型、幅值和频率等各异，大多数情况不能直接输入到计算机中，通常需要经过调理、转换。调理、转换都是由输入块完成的，它也是 CCS 输入块的基本要素。

4.2.1　AD 转换

在前文介绍信号时已知，自然界和现实生活中存在大量的模拟量。如自然界发出的声音、眼睛所见的图像、电路中的电压和电流等都模拟量。由此可见，CCS 不可避免地要处理数字量与模拟量之间的转换，以确保计算机能够进行计算和控制。根据计算机的数字特征，所有采集到的模拟信号，在输入到计算机之前必须转换为数字信号。这就是 AD 转换的原则。图 4.4 给出了这个原则的框图。

图 4.4　AD 转换原则

AD 转换亦称模数转换，也写作 ADC，指把模拟信号转换成数字信号。理论上有多种转换的算法，主要包括积分型、逐次逼近型、并行比较型/串并行比较型、Σ-Δ 调制型、电容阵列逐次比较型及压频变换型。AD 转换可以利用 A/D 转换器来实现。A/D 转换器通过一定的电路将模拟量转变为数字量。模拟量可以是电压、电流等电信号，也可以是压力、温度、湿度、位移、声音等非电信号。这些模拟信号通常经传感器采集后变为电压信号输入给 A/D 转换器(A/D 转换器通常接受电压信号)。

图 4.5 是一个 AD 转换的示例图。图中 TLC549 是 A/D 转换器，AT89S52 是单片机。A/D 转换器的管脚 2 口用于接收模拟信号，这里有一个滑丝电阻的电压。A/D 转换器的管脚 5、6 和 7 口分别接计算机的 6、5、4 管脚。这个系统可以将滑丝电阻变动的模拟信号(电压)传输到单片机。

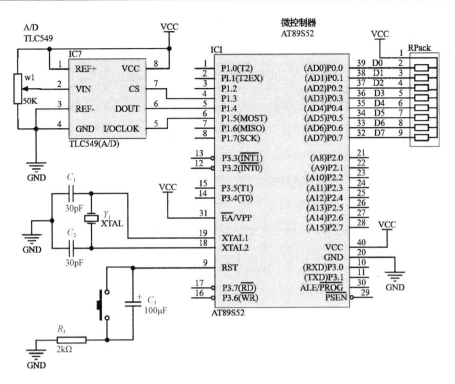

图 4.5 TLC549 型 A/D 转换器与 AT89S52 型单片机

目前有很多种 A/D 转换器。根据 AD 转换后输出的数字信号可以分为 8 位、比较型、并行比较型/串并行比较型、Σ-Δ 调制型、电容阵列逐次比较型和压频变换型，每种类型都有相应的电路结构和工作原理。鉴于本书的宗旨在于指导读者进行 CCS 工程设计，这里不介绍工作原理，只介绍特点和使用要点。

(1) 积分型。积分型 AD 是将输入电压转换成时间(脉冲宽度信号)或频率(脉冲频率)，然后由定时器/计数器获得数字值。其优点是用简单电路就能获得高分辨率，但缺点是由于转换精度依赖于积分时间，因此转换速率极低。常用的积分型 A/D 转换器是 TLC7135。初期的单片 A/D 转换器大多采用积分型，现在逐次比较型已逐步成为主流。

(2) 逐次比较型。逐次比较型由一个比较器和 D/A 转换器通过逐次比较逻辑构成，从最高有效位(MSB)开始，顺序地对每一位输入电压与内置 D/A 转换器输出进行比较，经 n 次比较而输出数字值。电路规模属于中等。优点是速度较快、功耗低，在低分辨率(<12 位)时价格便宜，但高精度(>12 位)时价格很高。常用的有 TLC0831(8 位)、AD574A(12 位)等。

(3) 并行比较型/串并行比较型。并行比较型采用多个比较器，仅作一次比较而实行转换，又称 flash(快速)型。由于转换速率极高，n 位的转换需要$(2n-1)$个比较器，因此电路规模也较大，价格也高，只适用于视频 A/D 转换器等速度特别高的领域，常见的有 TLC5510。

串并行比较型 AD 结构上介于并行型和逐次比较型之间，最典型的是由两个 $n/2$ 位的并行型 A/D 转换器配合 D/A 转换器组成，用两次比较实行转换，所以称为 half flash(半快速)型。还有分成三步或多步实现 AD 转换的叫作分级(multistep/subrangling)型 AD，而从转换时序角度又可称为流水线(pipelined)型 AD；现代的分级型 AD 中还加入了对多次转换结果作数字运算而修正特性等功能。这类 AD 速度比逐次比较型高，电路规模比并行型小。

(4) Σ-Δ 调制型。此类由积分器、比较器、1 位 D/A 转换器和数字滤波器等组成。原理上近似于积分型，将输入电压转换成时间(脉冲宽度)信号，用数字滤波器处理后得到数字值。电路的数字部分基本上容易单片化，因此容易做到高分辨率。主要用于音频和测量。

(5) 电容阵列逐次比较型。此类在内置 D/A 转换器中采用电容矩阵方式，也可称为电荷再分配型。一般的电阻阵列 D/A 转换器中多数电阻的值必须一致，在单芯片上生成高精度的电阻并不容易。如果用电容阵列取代电阻阵列，可以用低廉成本制成高精度单片 A/D 转换器。最近的逐次比较型 A/D 转换器大多为电容阵列式的。

(6) 压频变换型。此类是通过间接转换方式实现模数转换的。其原理是首先将输入的模拟信号转换成频率，然后用计数器将频率转换成数字量。从理论上讲，这种 AD 的分辨率几乎可以无限增加，只要采样的时间能够满足输出频率分辨率要求的累积脉冲个数的宽度即可。其优点是分辨率高、功耗低、价格低，但是需要外部计数电路共同完成 AD 转换，常见的有 AD650 等。

选择 A/D 转换器时，分辨率、转换速率、量化误差、偏移误差、满刻度误差、线性度等是考虑的指标。

① 分辨率(resolution)。分辨率又称精度，是数字量变化一个最小量时模拟信号的变化量，通常以数字信号的位数来表示。8 位以下的 A/D 转换器称为低分辨率 ADC，9～12 位称为中分辨率 ADC，13 位以上为高分辨率 ADC。

② 转换速率(conversion rate)。指完成一次转换所需的时间的倒数，其单位是 Ksps 和 Msps，表示每秒采样千/百万次(kilo / million samples per second)。速率越高，转换所需的时间越少。

③ 量化误差(quantizing error)。指由 AD 的有限分辨率而引起的误差，通常是 1 个或半个最小数字量的模拟变化量，表示为 1LSB、1/2LSB。

④ 偏移误差(offset error)。指输入信号为零时输出信号不为零的值，可外接电位器调至最小。

⑤ 满刻度误差(full scale error)。满刻度输出时对应的输入信号与理想输入信号值之差。

⑥ 线性度(linearity)。实际转换器的转移函数与理想直线的最大偏移，不包括上述的三种误差。

其他指标还有：绝对精度(absolute accuracy)、相对精度(relative accuracy)、微分非线性、单调性、无错码、总谐波失真(total harmonic distortion，THD)、积分非线性等，读者可参考有关 AD 转换的白皮书了解详情。

除了上述指标之外，在实际设计中选择 A/D 转换器时，还要考虑封装形式、接口方式、价格等因素。目前，生产 A/D 转换器的主要有 AD 公司(产品以 AD 开头)、MAXIM 公司(产品以 MAX 开头)和 TI/BB 公司(产品以 TLS/ADS 开头)等。表 4.1 给出了部分 A/D 转换器。读者可根据表中的名称在网上查阅相应的技术参数作为设计参考。

表 4.1　部分 A/D 转换器

位数/速率	型　号
8 位 - 低速	AD7478、AD7821、AD7824、MAX160
8 位 - 高速	AD775、AD9054A、AD9057、AD9059、AD9280、AD9281、AD9283、AD9288、MAX156、MAX158
10 位 - 高速	AD876、AD9200、AD9203、AD9215、AD9218、AD9411
12 位 - 低速	AD7658、AD7862、AD7864、AD7887、AD7891、AD7892、AD7893、AD7895、TLC2543、MAX176、MAX187、MAX163、MAX144、ADS7869
12 位 - 高速	AD7490、AD9220、AD9223、AD9224、AD9225、AD9230、AD9235、AD9236、AD9238、AD9430、AD9432、AD9433
14 位 - 低速	AD7865、AD7899
14 位 - 高速	AD6644、AD6645、AD9240、AD9243、AD9244、AD9246、AD9248、AD9445
16 位 - 低速	AD676、AD677、AD73360、AD7656、AD7685、AD7705、AD7715、AD7708、AD974、AD976、AD976A、AD977、AD977A、MAX1165、MAX1166、MAX1134
16 位 - 高速	AD7671、AD7677、ADS8320、ADS8321
24 位 - 低速	AD7710、AD7714、AD7799
24 位 – 高速	ADS7835

4.2.2　调理电路

CCS 输入量中的许多信号都是依靠各式各样的传感器采集的。模拟信号传感器可测量很多物理量，如温度、压力、声音、光强、温度、湿度等。由于传感器输出的信号通常是很微弱的或者是非电压信号，如电阻、电容、电感或电荷、电流等电量，这些微弱的信号或非电压信号难以直接由 A/D 转换器接收，而且有些信号本身还携带有一些人们不期望的噪声。因此，经传感器的信号尚需经过调理，以将微弱电压信号放大，将非电压信号转换为电压信号，抑制干扰噪声，提高信噪比，以便后续环节处理。调理电路在逻辑上是处在传感器与 A/D 转换器之间的电路，如图 4.6 所示。

图 4.6　模拟信号调理电路的逻辑位置

需要指出的是，调理电路并非只针对模拟信号。对于不符合后续输入要求的数字信号，也需要调理。图 4.7 给出了原理图。数字信号调理主要是电平转换和抗噪处理。

图 4.7　数字信号调理电路的原理图

综上所述，调理就是对信号进行操作，将其转换成适合后续测控单元接口的信号(达标信号)。一般来说，多数模拟信号需要调理，比如将传感器采集的非电压模拟信号调理成符合 AD 转换接口要求的电压信号。调理电路是实现调理的电路，它通过放大、衰减、隔离、多路复用、过滤、激励、冷端补偿等方式调理信号。

(1) 放大。放大器提高输入信号电平以更好地匹配模拟/数字转换器(ADC)的范围，从而提高测量精度和灵敏度。此外，使用放置在更接近信号源或转换器的外部信号调理装置，可以通过在信号被环境噪声影响之前提高信号电平来提高测量的信号—噪声比。

(2) 衰减。指与放大相反的过程，当电压(即将被数字化的)超过数字化仪输入范围时，这是十分必要的。这种形式的信号调理降低了输入信号的幅度，从而使经调理的信号处于 ADC 范围之内。

(3) 隔离。隔离的信号调理设备通过使用变压器、光或电容性的耦合技术，无须物理连接，即可将信号从它的源传输至测量设备。除了切断接地回路之外，隔离也阻隔了高电压浪涌以及较高的共模电压，从而既保护了操作人员，也保护了昂贵的测量设备。

(4) 多路复用。通过多路复用技术，一个测量系统可以不间断地将多路信号传输至一个单一的数字化仪，从而提供了一种节省成本的方式来极大地扩大系统通道数量。多路复用对于任何高通道数的应用都是十分必要的。

(5) 过滤。滤波器可以在一定的频率范围内除去噪声。几乎所有的数据采集应用都会受到一定程度的 50Hz 或 60Hz 的噪声(来自电线或机械设备)的影响。大部分信号调理装置都包括了为最大限度上抑制 50Hz 或 60Hz 噪声而专门设计的低通滤波器。

(6) 激励。激励对于一些转换器是必需的，例如应变计、电热调节器和 RTD 需要外部电压或电流激励信号。通常 RTD 和电热调节器测量都是使用一个电流源来完成，这个电流源将电阻的变化转换成一个可测量的电压。应变计是一个超低电阻的设备，通常利用一个电压激励源来进行惠斯登(wheatstone)电桥配置。

(7) 冷端补偿。冷端补偿是一种用于精确热电偶测量的技术。热电偶产生的热电势取决于其两端的温度，只有在冷端温度保持恒定时，其输出的热电势才是符合实际的。工程技术上广泛使用的热电偶分度表及根据分度表刻划的测温显示仪的刻度都是假定冷端温度为 0℃而制作的。因此，只有对冷端温度进行补偿，才能保证热电偶测量精度。

毫无疑问，信号放大电路是调理电路不可缺少的组成部分。必要时，滤波器去噪也需要考虑。放大电路有多种，如差分放大电路、电荷放大电路、电桥放大电路、同相放大电路、反相放大电路等。通常要求放大电路的输入阻抗应与传感器输出阻抗相匹配，具有稳定的放大倍数和低噪声，较低的输入失调电压和失调电流，以及低漂移、足够的带宽和转换速率(无畸变地放大瞬态信号)、高共模输入范围和高共模抑制比、可调的闭环增益，还要求线性好、精度高等。不管采用哪种形式，放大和衰减一般都会选择运算放大器。例如，图 4.8 所示的同相放大电路就是这样设计的。

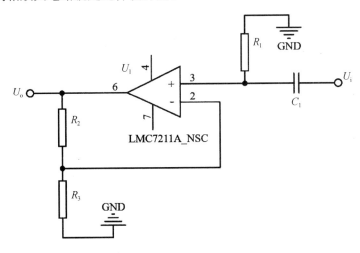

图 4.8　同相放大电路

由图 4.8 可知：

$$\frac{U_{o}-U_{i}}{R_{2}}=\frac{U_{i}}{R_{3}}$$

即

$$\frac{U_o}{U_i} = 1 + \frac{R_2}{R_3}$$

因此其闭环增益为

$$K_f = 1 + \frac{R_2}{R_3}$$

由于传感器输出电压一般为几十毫伏，R_2 取可变电阻，其变化范围为 $0\sim10\text{k}\Omega$，R_3 取 $1\text{k}\Omega$，采取两级放大可使放大倍数达 120 倍。根据需要调整放大倍数，从而得到相应的输出电压。

根据模拟电路理论，滤波电路主要是基于电容器隔直通交的原理，通过电阻、电容组合，将噪声(交流)信号导入接地，而直流信号输送到输出端。图 4.9 所示为一阶滤波电路，图 4.10 所示为二阶滤波电路。

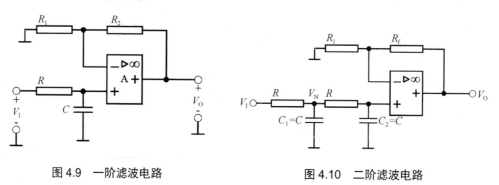

图 4.9　一阶滤波电路　　　　　图 4.10　二阶滤波电路

根据模拟电路知识可知，在图 4.9 中，电流信号从输入口 V_I 经 R 后，其中交流部分经电容 C 流至接地端，直流部分送入运放器放大(或者衰减)后经输出口 V_o。图 4.10 中的交流则经过二级过滤后送入运放器。

调理电路需要根据具体传感器的输出、后续接口元器件的输入以及系统工作环境的情况来设计。设计的原则是调理的思想和基本方法，这里不再赘述。读者可以参考模拟电路理论中的放大、滤波电路等知识从事设计。有些传感器自带调理电路。自带调理电路的传感器，其生产厂家都会在其产品说明书里面介绍。有些采样保持器(见 4.4.2 小节)也具备调理作用，这里不再赘述。

4.2.3　输入块的架构

现在可以对 CCS 输入块的组织架构做一个总结。首先，输入块可以从模拟量传感器或者数字发生器接收外部或内部反馈的信号；其次，必要时要对信号进行调理，然后将调理后的信号以数字信号的方式输入计算机。从模拟信号到数字信号，需要进行 AD 转换。为此得到输入块的架构图，如图 4.11 所示。

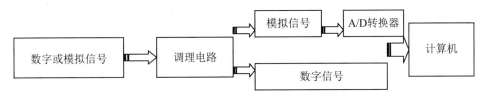

图 4.11　CCS 输入块的架构

4.3　处理与控制作业

CCS 的处理与控制是由计算机实施的。与其他控制器不同的是，计算机的作业是按照事先设计好的程序来一步一步完成程序中的指令。在学习 C 语言程序设计时已经知道：

程序=数据结构+算法

数据结构是计算机存储、组织数据的方式。当计算机接收到外部输入的数据后或经过计算产生数据后，需要将这些数据合理存储在内存或外存中。不同的存储方式会影响计算机后续处理的效率。程序设计者(往往是 CCS 开发的核心成员之一)需要根据控制任务和数据量的大小来组织数据。

算法是根据计算机工作原理规划解决问题方案的具体实现过程，包括处理数据的方法、控制执行机构或受控对象的方法。算法是 CCS 的核心 IP(知识产权)。控制系统的效率、稳定性、精度等重要量都决定于算法，好的算法是 CCS 设计者们终身探索的目标。

CCS 的控制程序通常采用汇编语言或者 C 语言编写，经汇编或编译后形成可以下载到计算机的二进制代码。控制系统启动后，计算机就会按照程序的指令自动进行数据处理或控制执行机构(受控对象)。

一般来说，计算机处理和控制的流程如图 4.12 所示。

从图 4.12 中可以看出，CCS 处理和控制的程序是一个死循环。在完成端口的初始化检测后，就开始不停地扫描或者查询端口的信号输入，并将检测到的信号识别后根据相应的处理算法来处理数据，然后根据处理结果向输出端口发出控制指令。如此循环往复实现控制。

例 1　用 51 单片机控制步进电动机的原理图见图 4.13。系统的工作机制是：按下"正转"键，端口 P0.0 置 0(低电平)；按下"反转"键，端口 P0.1 置 0 电平。计算机检测到这两个端口的信息符合设定条件是，向连接电动机的端口 P1.0～P1.6 发出指令，让电动机正转和反转。这个系统是一个开环系统，省去了执行器，单片机直接控制电动机。相应的程序如下。

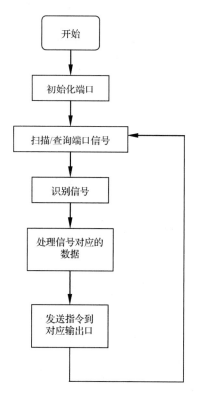

图 4.12　CCS 的计算机处理与控制流程

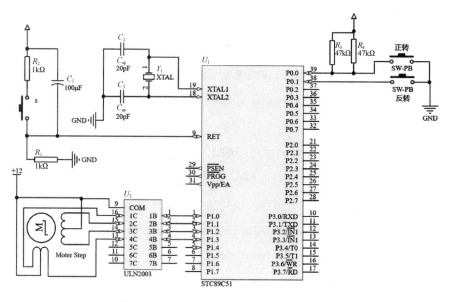

图 4.13　51 单片机控制步进电动机原理图

```
#include <AT89X51.h>
/*设置数据存储*/
static unsigned int count;      /*计数*/
static int step_index;          /*步进索引数，值为0～7*/
static bit turn;                /*步进电动机转动方向*/
static bit stop_flag;           /*步进电动机停止标志*/
static int speedlevel;          /*步进电动机转速参数，数值越大速度越慢，最小值为1，速度最快*/
static int spcount;             /*步进电动机转速参数计数*/
void delay(unsigned int endcount);   /*延时函数，延时为 endcount*0.5 毫秒*/
void gorun();                   /*步进电动机控制步进函数*/
void main(void)
{
   /*以下初始化*/
   count = 0; step_index = 0;
   spcount = 0; stop_flag = 0;
   P1_0 = 0; P1_1 = 0; P1_2 = 0; P1_3 = 0;
   EA = 1;                      /*允许 CPU 中断 */
   TMOD = 0x11;                 /*设定时器 0 和 1 为 16 位模式 1 */
   ET0 = 1;                     /*定时器 0 中断允许 */
   TH0 = 0xFE; TL0 = 0x0C;      /*设定时每隔 0.5ms 中断一次*/
   TR0 = 1;                     /*开始计数*/
   turn = 0; speedlevel = 2;
   delay(10000);               /*延时*/
   speedlevel = 1;
/*以下死循环*/
   do{
     speedlevel = 2;
     delay(10000);
     speedlevel = 1;
     delay(10000);
     stop_flag=1;
     delay(10000);
     stop_flag=0;
     }while(1);
}


/*定时器 0 中断处理 */
/*在中断过程处理参数*/
void timeint(void) interrupt1
{
   TH0=0xFE; TL0=0x0C;              /*设定时每隔 0.5ms 中断一次*/
   count++;  spcount--;
   if(spcount<=0)
```

```
    { spcount = speedlevel;  gorun(); }
}

void delay(unsigned int endcount)
{  count=0;
   do{}while(count<endcount);    /*空循环延时*/
}

void gorun()                      /*根据端口信号判断执行*/

{  if (stop_flag==1)
{  P1_0 = 0; P1_1 = 0; P1_2 = 0; P1_3 = 0;
   return;
   }
  switch(step_index)
  {/*向端口发指令*/
  case 0: /*端口信号编码0*/
    P1_0 = 1; P1_1 = 0; P1_2 = 0; P1_3 = 0; break;
  case 1: /*端口信号编码0、1*/
    P1_0 = 1; P1_1 = 1; P1_2 = 0; P1_3 = 0; break;
  case 2: /*端口信号编码1*/
    P1_0 = 0; P1_1 = 1; P1_2 = 0; P1_3 = 0; break;
  case 3: /*端口信号编码1、2*/
    P1_0 = 0; P1_1 = 1; P1_2 = 1; P1_3 = 0; break;
  case 4:  /*端口信号编码2*/
    P1_0 = 0; P1_1 = 0; P1_2 = 1; P1_3 = 0; break;
  case 5: /*端口信号编码2、3*/
    P1_0 = 0; P1_1 = 0; P1_2 = 1; P1_3 = 1; break;
  case 6: /*端口信号编码3*/
    P1_0 = 0; P1_1 = 0; P1_2 = 0; P1_3 = 1; break;
  case 7: /*端口信号编码3、0*/
    P1_0 = 1; P1_1 = 0; P1_2 = 0; P1_3 = 1; }
  if (turn==0)
  { step_index++; if (step_index>7) step_index=0; }
  else
   {step_index--; if (step_index<0) step_index=7; }
   }
```

　　读者可以学习 C 语言和计算机接口的知识来分析上述程序及其执行的过程。需要说明的是，在 CCS 设计中，每种计算机都有其独特的编程规则，大多数可以采用 C 语言编程。初学者务必要结合计算机自身的体系结构来学习和实践。编写控制程序是绝大部分 CCS 设计者夜以继日的工作内容，读者将会在日常工作中有所体验，这里不再赘述。

4.4　执行块的要素

按照 CCS 的总框架结构，执行块所接收的是计算机输出的数字信号；从物理上，该块包括执行器(如有)与被控对象，其作业流程如图 4.14 所示。

图 4.14　CCS 执行与输出块的作业流程

从图 4.14 中可知，执行器负责将其接收到的计算机指令转变为执行操作(operation)作用于受控对象上；受控对象进一步完成后续操作并输出相应的结果。需要指出的是，在一些 CCS 中，执行器可与受控对象合二为一，但这并不影响图 4.14 的架构。

在机电控制系统中，执行器包括两大类：一类输出电能，另一类输出机械能。输出电能的执行器通常是开关等调节电气对象的元件或电路，输出机械能的有电磁阀、电动机、气缸等产生机械运动(平动、转动或组合运动)的器件。

机电系统的绝大多数执行器接收的输入信号都是电流、电压等模拟量，因此，需要通过 D/A 转换器将计算机输出的数字信号转换为模拟信号后才能输入到执行器。此外，由于执行器的相应速率远远低于计算机的处理速率，转换后的信号需要保持一定的时间再传输给执行器以匹配执行器的执行速度。本节介绍 DA 转换、保持器以及执行块的逻辑架构。

4.4.1　DA 转换

DA 转换，又称数模转换，指将数字量转换为模拟量。DA 转换主要通过 D/A 转换器实现，而后者通常接在数字量输出端。在 CCS 中，DA 转换主要将计算机的输出通道与执行器相连，也用于闭环的反馈电路设计中，如图 4.15 所示。

图 4.16 是单片机 AT89C52 与 D/A 转换器的连接图。VEE 端接-5V 电压，COMP 端与 VEE 端之间接 0.1μF 电容，VREF(+)通过 5kΩ电阻接+5V 电源，VREF(−)接地。输出端 IOUT 连接运算放大器反向输入端。运算放大器同相输入端接地。系统运行时，按下 $K_1 \sim K_8$ 中的某个键，单片机会向 DAC0808 芯片输出 0x00～0xff 的 8 个不同数值，经转换后会输出 8 档不同电压。

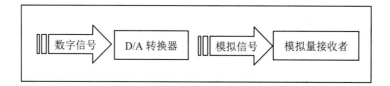

图 4.15　D/A 转换器的作业流程

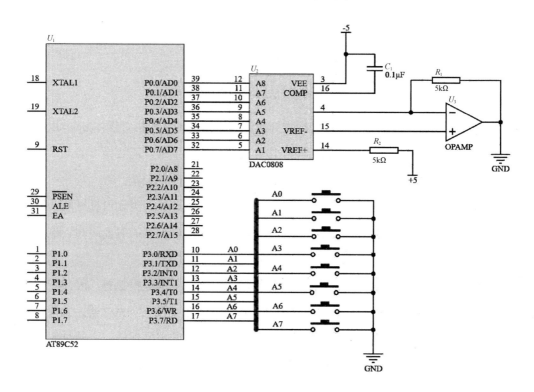

图 4.16　AT89C52 与 D/A 转换器连接图

D/A 转换器按照数字量的输入方式可以分为并行输入和串行输入两种，也可以按照所转换模拟量输出方式分为电流输出、电压输出和乘算型三种，还可以按照分辨率分为低分辨率(8 位及以下)、中分辨率(9～12 位)和高分辨率(13 位以上)的 D/A 转换器。这些分类都是设计者在选择 D/A 转换器时根据计算机的输出以及执行器的入口参数来确定。例如，计算机输出的数字信号是并行形式，执行器的入口是电压量，则要选择并行入口、输出电压的 D/A 转换器。

电流输出型 D/A 转换器很少直接利用电流输出，大多外接电流—电压转换电路得到电压输出后，外接运算放大器将其转换为电流。这种方式通常转换速率较低，响应较慢。电压输出型可以直接输出电压，常作为高速 D/A 转换器使用。

数模转换中有使用恒定基准电压的，也有在基准电压输入上加交流信号的，后者由于能得到数字输入和基准电压输入相乘的结果而输出，因而称为乘算型 D/A 转换器。乘算型 D/A 转换器不仅可以进行乘法运算，而且可以作为使输入信号数字化衰减的衰减器及对输入信号进行调制的调制器使用。

选择 D/A 转换器时，主要注意以下指标。

① 满量程(full scope，FS)。满量程是输入数字量全为 1 时的模拟量输出。如果是电流输出，满量程电流用 I_{FS} 表示，如果是电压输出，电压用 V_{FS} 表示。满量程越大，DA 转换的数字信号位数越多。满量程是个理论值，可以趋近，但永远达不到。

② 分辨率。分辨率是指输入数字量的最低有效位(LSB)发生变化时，DAC 的输出模拟量的变化量，理论值是 $f = (2^n - 1)^{-1}$。电压型 D/A 转换器也取决于转换器的位数和转换器满刻度值 V_{FS}，反映了输出模拟量的最小变化值。近似计算公式为

$$f = \frac{V_{FS}}{2^n}$$

式中，n 为转换的最大位数。

例如，对于 5V 的满量程，当采用 8 位的 DAC 时，分辨率为 5V/256=19.5mV；当采用 12 位的 DAC 时，分辨率则为 5V/4096=1.22mV。

f 越小，分辨率越高，因此，转换器的位数越多，分辨率就越高。所以有时也用 DAC 的位数表示分辨率。分辨率还可以用满量程的百分数表示。

③ 稳定时间(又称转换时间)。指输入二进制数变化量是满量程时，D/A 转换器的输出达到离终值±1/2LSB 时所需要的时间。对于输出是电流型的 D/A 转换器来说，稳定时间是很快的，约几微秒；而输出是电压的 D/A 转换器，其稳定时间主要取决于运算放大器的响应时间。

④ 绝对精度。指输入满刻度数字量时，D/A 转换器的实际输出值与理论值之间的偏差。该偏差用最低有效位 LSB 的分数来表示，如±1/2LSB 或±1LSB。

⑤ 温度系数。反映了 D/A 转换器的输出随温度变化的情况；定义为在满量程刻度输出的条件下，温度每变化 1℃时 DAC 的增益、线性度、零点等参数的变化量。

⑥ 非线性误差。指实际转换特性曲线与理想直线特性之间的最大偏差，用于刻划 D/A 转换器的直线性的好坏，如图 4.17 所示。

D/A 转换器的种类很多，目前生产的 D/A 转换器主要由 AD 公司、MAXIN 公司、TI 公司所生产，表 4.2 给出了一些常见 D/A 转换器。

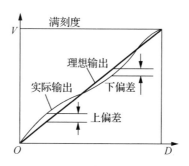

图 4.17　非线性误差示意图

表 4.2　常见 D/A 转换器

位　　数	型　　号
8 位	DAC0800、DAC0808、DAC43608、DAC5574、MAX500A、MAX500B
10 位	DAC53608、DAC6578、DAC5652、DAC5652-EP、MAX503、MAX504
12 位	DAC70601、DAC61408、DAC61416、DAC60096、MAX501A、MAX501B
14 位	DAC70501、DAC71416、DAC71408、DAC70508、MAX5110、MAX5111
16 位	DAC80501、DAC81408、DAC81416、DAC80508、MAX5136、MAX5138

4.4.2　保持器

当执行器的处理速率低于 D/A 转换器的转换速率时，为了确保执行器能够执行每个控制指令而不至于"失真"，需要在 D/A 转换器与执行器之间增加保持器。

保持器，又叫采样保持器，是计算机系统模拟量输入通道中的一种模拟量暂存装置，原本是采样器(传感器)和 A/D 转换器的中间环节。采样器或者传感器在固定时间点上取出被处理信号的值，保持器则把这个信号值放大后暂存一段时间，以供 A/D 转换器转换，直到下一个采样时间再取出一个模拟信号值来代替原来的值。

鉴于保持器能够将模拟信号保持一段时间，CCS 设计时也在 D/A 转换器与执行器之间增加保持器，形成如图 4.18 所示的结构。

图 4.18　CCS 中保持器的逻辑位置

需要说明的是，由于保持器接收的是模拟信号，输出的也是模拟信号，故也经常用于与采样器(传感器)相连以保持采样信号的连续，其作业原理如图 4.19 所示。

图 4.19　保持器的作业原理

一般 D/A 转换器的模拟量输出可能是每秒几十、几百个脉冲，大型系统甚至能到上千个脉冲，高速可达 5000～10000 脉冲/秒。为使这些模拟量信号能够逐个送到执行器以确保信号的真实性，必须采用保持器。而在低速系统中，一般可以省略这种装置。需要指出的是，高速传感器与 A/D 转换器之间也需要设置保持器。鉴于保持器具有放大信号的功能，有时它也可替代调理电路。

按照处理信号的方法，保持器可分为 0 阶保持器、1 阶保持器和 2 阶保持器。0 阶保持器在信号传递过程中，把前一个时刻的信号值一直保持到后一个信号出现的一瞬间，从而把一个脉冲序列变成一个连续的阶梯信号。因为在每一个区间内阶梯信号均为常值，其一阶导数为 0，故称为 0 阶保持器。0 阶保持器结构比较简单，具有低通滤波特性。1 阶保持器在前一个信号与当前信号之间用线性插值来表示连续的区间信号。2 阶保持器在前一个信号与当前信号之间用二次函数插值来表示连续的区间信号。阶数越高，精度越高，价格也越贵。

按照结构分类，保持器可分为串联型和反馈型。其中，串联型结构简单，精度稍差，反馈型精度较高。

从应用目的来分，保持器芯片可分为三类：①普通型采/保芯片，如 LF198、LF298、LF398、AD582 和 AD583；②高速型采/保芯片，如 SHA-2A、HTS-0025 和 HTC-0300；③高分辨率型采/保芯片，如 SHA114 和 SHA-6 等。

4.4.3　执行与输出块小结

现在可以对 CCS 执行块的逻辑结构做一个小结。若执行器的输入信号为模拟信号，那么必须有一个 D/A 转换器接收计算机输出的数字信号并转换成模拟信号，在 D/A 转换器后续一个保持器以保持信号稳定并可适量放大，然后在保持器后续执行器，最后由执行器处理受控对象，如图 4.20 所示。

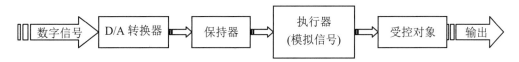

图 4.20　CCS 执行与输出块(模拟信号执行器)

若执行器的输入信号为数字信号且计算机输出的数字信号符合执行器的接收范围，则可直接将其接入执行器，否则要增加驱动电路放大信号后再接入。相关细节在后面章节介绍。

第 5 章　模拟信号与数字信号 I/O 通道

CCS 中永远存在着两种信号——数字信号(D)和模拟信号(A)，也永远存在这两种信号的输入(I)和输出(O)的关系。两种信号及其输入、输出形成 4 种 I/O 通道：入模出模 I(a)→O(a)，入模出数 I(a)→O(d)，入数出模 I(d)→O(a)，入数出数 I(d)→O(d)。这 4 种通道是设计 CCS 随时会遇到的。本章主要介绍 4 种 I/O 通道及其设计方法。

5.1　通道与隔离

电子电路设计的目的在于利用各种器件的属性设计出可让信号从输入端按照设计意图到达输出端的线路或模块。信号可以流通的线路或模块称为通道。电子电路中有时会出现一些不希望出现的信号，如干扰信号。为确保通道中流通的信号是符合设计意图的，需要在电路中增加一些阻止非期望信号流入的器件，形成隔离。

5.1.1　通道

在 CCS 中，任何有信号进出的元件，必然为以下 4 种情况之一。

(1) I(a)∩O(a)：模拟信号进，模拟信号出，如电阻、电容、电感及模拟电路。

(2) I(a)∩O(d)：模拟信号进，数字信号出，如 A/D 转换器。

(3) I(d)∩O(a)：数字信号进，模拟信号出，如 D/A 转换器。

(4) I(d)∩O(d)：数字信号进，数字信号出，如计算机(CPU)。

由此可知，任何两个元件，如一个输出信号，另一个接收信号(未必直接连接)，则对应的输出、输入端口之间，必然为以下 4 种情况之一。

(1) O(a)→I(a)：输出口为模拟信号，输入口为模拟信号，如两个串联的电阻。

(2) O(a)→I(d)：输出口为模拟信号，输入口为数字信号，如模拟量传感器与计算机之间。

(3) O(d)→I(a)：输出口为数字信号，输入口为模拟信号，如计算机与模拟执行器。

(4) O(d)→I(d)：输出口为数字信号，输入口为数字信号，如数字量传感器与计算机之间。

图 5.1 直观地给出了这 4 种情形。

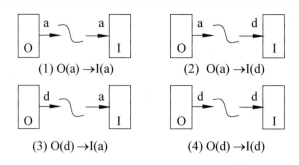

图 5.1　两个端口之间的 4 种 I/O 关系

连接某信号源(signal source，SS)将信号顺利传输到端口(port，P)的电路关系称为端口 P 的输入通道(input tunnel)；以端口 P 出发的信号为信号源顺利向某目的信号接收者 (destination receiver，DR)传输信号的电路关系称为端口 P 的输出通道(output tunnel)。输入/输出通道简称 I/O 通道。不难发现，在 CCS 中的信号与通道有以下组合。

(1) SS(a)→P(a)：源信号为模拟量，端口 P 可接收模拟量；

(2) SS(a)→P(d)：源信号为模拟量，端口 P 可接收数字量；

(3) SS(d)→P(a)：源信号为数字量，端口 P 可接收模拟量；

(4) SS(d)→P(d)：源信号为数字量，端口 P 可接收数字量；

(5) P(a)→DR(a)：P 发出模拟信号，DR 可接收模拟量；

(6) P(a)→DR(d)：P 发出模拟信号，DR 可接收数字量；

(7) P(d)→DR(a)：P 发出数字信号，DR 可接收模拟量；

(8) P(d)→DR(d)：P 发出数字信号，DR 可接收数字量。

据此，可以将通道想象为一个信号进入和流出、中间可有转换与调理机构的管道，如图 5.2 所示。

图 5.2　将通道视作信号传输的管道

那么上述(1)～(8)种情况可归结为以下 4 种不同类型的 I/O 通道。

(1) 入模出模通道 I(a)→O(a)：源信号 I 为模拟量，目的信号 O 为模拟量；

(2) 入模出数通道 I(a)→O(d)：源信号 I 为模拟量，目的信号 O 为数字量；

(3) 入数出模通道 I(d)→O(a)：源信号 I 为数字量，目的信号 O 为模拟量；

(4) 入数出数通道 O(d)→D(d)：源信号 I 为数字量，目的信号 O 为数字量。

这 4 种通道不仅是 CCS 具有，也是所有电子系统都具有的。掌握这 4 种通道信号传递所需的电路设计，是 CCS 设计者必须具备的基本素质。

5.1.2　隔离

电路中的隔离并不是隔断，而是防止噪声进入而放行信号通行的一种手段。光电隔离器亦称光电耦合器、光耦合器(optical couple，OC)，简称光耦，是 CCS 设计中常常使用的一个隔离器，它是以光为媒介传输电信号的一种电－光－电转换器件。它将输入端的电信号转换为光信号，耦合到输出端再转换为电信号，故此称为光耦合器。由于光耦合器的输入、输出间互相隔离，加之光信号的传送不受电磁场的干扰，因而具有良好的电绝缘能力和抗干扰能力。

光耦合器一般由 3 部分组成：光的发射、光的接收及信号放大。发光部分常采用发光二极管或激光管；接收器件常用光敏二极管、光敏晶体管及光集成电路等。输入的电信号驱动发光二极管，使之发出一定波长的光，被光探测器接收而产生光电流，再经过进一步放大后输出。图 5.3 给出了其结构和作业原理示意图。

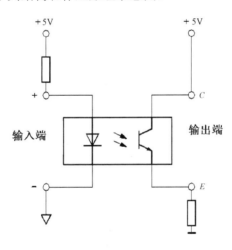

图 5.3　光耦合器的结构与作业原理示意图

光耦合器的输入输出类似于普通三极管的输入/输出特性，即存在着截止区、饱和区与线性区三部分。利用光耦隔离器的开关特性(即光敏三极管工作在截止区、饱和区)，可传送数字信号而隔离电磁干扰，实现对数字信号的隔离。在数字信号输入/输出通道中，以及在模拟信号输入/输出通道中的 A/D 转换器与 CPU 或 CPU 与 D/A 转换器之间的数字信号的耦合传送，都可用光耦的这种开关特性对数字信号进行隔离。

光耦合器对输入、输出电信号有良好的隔离作用，因此，它在各种电路中得到广泛的应用。目前，它已成为种类最多、用途最广的光电器件之一，尤其适合数字信号隔离。

目前，有多个种类的光耦合器，如 TLP521 系列光耦、6N137 系列高速光耦等。在使用光耦合器时要注意，用于驱动发光管的电源与驱动光敏管的电源不能是共地的同一个电源，必须分开单独供电，这样才能有效避免输出端与输入端相互间的反馈和干扰；另外，发光二极管的动态电阻很小，这可以抑制系统内外的噪声干扰。

典型的光电耦合隔离电路有数字量同相传递与数字量反相传递两种，如图 5.4 所示。数字量同相传递如图 5.4(a)所示，光耦的输入正端接正电源，输入负端接到与数据总线相连的数据缓冲器上，光耦的集电极 C 端通过电阻接另一个正电源，发射极 E 端直接接地，光耦输出端从集电极 C 端引出。当数据线为低电平 0 时，发光管导通且发光，使得光敏管导通，输出 C 端接地而获得低电平 0；当数据线为高电平 1 时，发光管截止不发光，则光敏管也截止，使输出 C 端从电源处获得高电平 1。如此就完成了数字信号的同相传递。数字量反相传递如图 5.4(b)所示，与图 5.4(a)不同的是光耦的集电极 C 端直接接另一个正电源，而发射极 E 端通过电阻接地，则光耦输出端从发射极 E 端引出，从而完成了数字信号的反相传递。

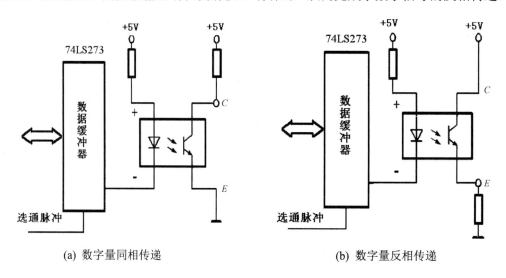

(a) 数字量同相传递   (b) 数字量反相传递

图 5.4　光耦器的两种信号传递方式

光电耦合器的品种和类型非常多，在光电子 DATA 手册中有上千种，表 5.1 列出了常用的几类。

表 5.1　部分光耦

性　能	型　号
过零出发可控硅输出	MOC3040、MOC3041、MOC3061、MOC3061、MOC3081
晶体管输出	4N25、4N26、4N27、4N28、4N36、4N37、4N38、H11A2
达林顿输出	4N29、4N30、4N31、4N32、4N33、4N35、6N138、6N139
可控硅输出	4N39
高速光耦晶体管输出	6N135、6N136、6N137
可控硅驱动输出	MOC3020、MOC3021、MOC3023、MOC3030
单光耦	TLP521-1、PC814、PC817
双光耦	TLP521-2
四光耦	TLP521-4、TLP621
TTL 逻辑输出	TIL117
高压晶体管输出	H11D1
电阻达林顿输出	H11G2

5.2　通道的设计要点

设计 I/O 通道时，一是要考虑通道入口的信号类别及其出口的信号类别，以确定是否置入转换器；二是要考虑信号的调理、滤波、保持等处理，必要时还要考虑通道出口信号与通道连接者的匹配问题。一般来说，通道的输入端信号与其输出端信号可能不一致，但是通道输入的信号必须与输入端所连接端口的输出信号一致，通道输出的信号必须与输出端所连接端口能接收的信号一致，如图 5.5 所示。根据前述 4 种不同通道类型，本节给出设计要点。

图 5.5　通道输入/输出端的信号与其连接端口信号一致

5.2.1　入模出模通道 I(a)→O(a)

当通道入口为模拟信号，出口也是模拟信号时，显而易见，采用模拟电路作为输入通道是最佳选择。此时根据阻抗一致的原则，主要考虑通道上的模拟电气量(电流、电压等)

与端口之间物理参数的匹配问题、抗干扰问题等。如输入信号的电压或电流小于端口的最小阈值，则要在电路中置入放大装置进行调理；如果输入信号的电压或电流大于端口的最大阈值，则要置入衰减装置进行调理。如果信号源输入的模拟信号是电流(电压)而端口接收的信号是电压(电流)，还要进行 I/V 转换。基本设计思路可参考图 5.6 所示的框图。

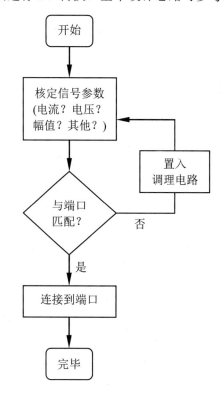

图 5.6　I(a)→O(a)通道设计思路

I/V 转换指将电流信号转换为电压信号，分为无源转换和有源转换。

(1)　无源 I/V 转换主要是利用无源器件电阻来实现，并加滤波和输出限幅等保护措施，如图 5.7 所示。

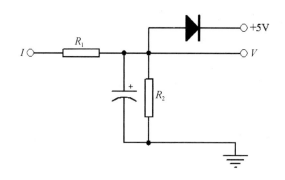

图 5.7　无源 I/V 电路

从图 5.7 中可以看出，输入信号为直流电流 I。经电阻 R_2 接地后形成一个电压 V，输出为电压 V。图 5.7 中 R_2 起到拉高电压的作用，常称作拉高电阻。对于 0～10mA 的输入信号，可取 R_1=100Ω，R_2=500Ω，且 R_2 为精密电阻，这样当电流为 0～10mA 时，输出的 V 为 0～5V；对于 4～20mA 的输入信号，可取 R_1=100Ω，R_2=250Ω，且 R_2 为精密电阻，这样当输入的电流为 4～20mA 时，输出的 V 为 1～5V。

(2) 有源 I/V 变换主要是利用有源器件运算放大器、电阻和电容来实现，如图 5.8 所示。该同相放大电路的放大倍数为

$$f = 1 + R_4 / R_3$$

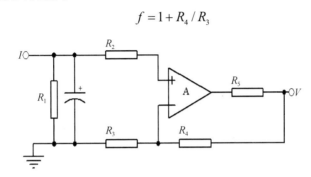

图 5.8　有源 I/V 转换

若取 R_3=100kΩ，R_4=150kΩ，R_1=200Ω，则 0～10mA 输入对应于 0～5V 的电压输出。若取 R_3=100kΩ，R_4=25kΩ，R_1=200Ω，则 4～20mA 输入对应于 1～5V 的电压输出。

与 I/V 转换相逆的是 V/I 转换，也是由运算放大器、电阻和电容来实现。其原理与 I/V 转换基本相同，这里不再介绍。

例 1　某传感器采集的某模拟信号是 0～5V 的电压形式，设计如图 5.9 所示的电路可以将其转换为 0～20mA 的电流信号。

该电路的工作原理是这样的：①R_3 上的压降与输入电压相同，R_2 与 R_3 上具有相同的压降；②R_4 无论取多大的值，它上面的压降总是与 R_2 的相同。计算可以知道，在 0～5V 输入信号作用下，流过电阻 R_4 的电流恰恰是 0～20mA，并且不受负载电阻 R_L 阻值变化和大小的影响；R_L 的阻值在 0～500Ω 时，输出电流值能跟踪 0～5V 输入电压信号，并恒定不变。

例如，当输入电压信号为 3V 时，R_2、R_3、R_4 两端的电压降都是 3V，流过 R_4(输出)的电流为 12mA。当负载电阻 R_L 变小时，通过的输出电流信号增大，导致 R_4 上的电压降增加，从而 N_2 的 13 脚电压下降，N_2 两输入端的差分电压值增加，结果 N_2 输出电压增大，晶体管 Q_2 基极偏压下降、Q_2 的导通电阻变大致使输出电流信号变小；由于 N_2 电压比较和 Q_2 调节的结果，使输出电流趋于恒定。反之，当 R_L 电阻变大，使输出电流变小时，在 N_2 控制作用下，Q_2 导通变强，仍会使 R_4 两端的电压降等于 R_2 两端的电压降，输出电流回到恒定值。

N_2 将 R_2、R_4 的电压降(输入)信号进行比较，并使之相等，使流过 R_4 的电流维持恒定值。

由此可知，利用晶体管 Q_1、Q_2 的导通电阻变化，起到电压/电流调节作用，只需设定好 R_2、R_3、R_4 这 3 只电阻的阻值，即可用图 5.9 中的基本电路完成任意范围的 V/I 转换任务。

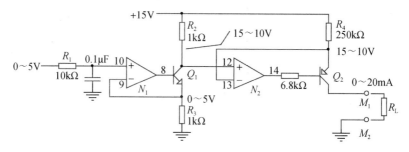

图 5.9　0～5V/0～20mA 转换电路

5.2.2　入模出数通道 I(a)→O(d)

当输入信号是模拟信号，输出信号是数字信号时，显而易见需要在通道上置入模拟信号保持器、调理电路和 A/D 转换器，将模拟信号转换为数字信号后传入端口。相关的原则在 4.2.1 节已经说明，这里仅给出一个例子。

例 2　如图 5.10 所示，D0～D7 接 51 单片机的 P2 口(P2.0～P2.7)，ADIN1 和 ADIN2 为通道 IN0 和 IN1 的电压模拟量输入(0～5V)。

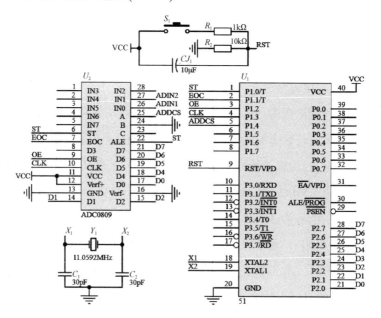

图 5.10　ADC0809 接 51 单片机

系统控制的 C 语言程序如下，读者可结合 C 语言程序来解读系统的作业机制和过程。

```c
#include"reg52.h"
#define uchar unsigned char
sbit ST=P1^0; sbit EOC=P1^1; sbit OE=P1^2;
sbit CLK=P1^3;sbit ADDCS=P1^4;
uchar AD_DATA[2];              /*保存 IN0 和 IN1 经 AD 转换后的数据*/
/**********延时函数***********/
      void delay(uchar i)
   { uchar j;
   while(i--)
   { for(j=125;j>0;j--);}
   }
/**********系统初始化***********/
      void init()
   { EA = 1;              /*开总中断*/
       TMOD = 0x02;       /*设定定时器 T0 工作方式*/
THO=216;                  /*利用 T0 中断产生 CLK 信号*/
TL0=216;TR0=1;            /*启动定时器 T0*/ET0=1;
ST=0;OE=0; }
/***********T0 中断服务程序************/
      void t0(void) interrupt 1 using 0
   {CLK=~CLK;}
/***********AD 转换函数**********/
      void AD()
      {ST=0;ADDCS=0;      /*选择通道 IN0*/
delay(10);
ST=1;                     /*启动 AD 转换*/
delay(10);
ST=0;
while(0==EOC);
OE=1;AD_DATA[0]=P2;OE=0;ST=0;
ADDCS=1;                  /*选择通道 IN1*/
   delay(10);
ST=1;                     /*启动 AD 转换*/
delay(10);
ST=0;
while(0==EOC);
OE=1;AD_DATA[1]=P2;OE=0;
   }
/***************主函数**************/
void main(){init();while(1){AD();}}
```

5.2.3　入数出模通道 I(d)→O(a)

当输入信号是数字信号，输出信号是模拟信号时，显而易见需要在通道上置入 D/A 转换器、模拟信号保持器，将数字信号转换为模拟信号后传入端口。如果输入的数字信号与 D/A 转换器的输入要求不一致，如电平不一致等，还需要增加输入调理电路进行调理。相关的原则在 4.2.2 小节、4.4.1 小节与 4.4.2 小节已经说明，这里仅给出一个例子。

例 3　图 5.11 是一个稳压电源设计原理图。三极管发射极电压是稳压电源的输出电压，可以连接电器或负载。这个电压值通过 TLC549(A/D，同 TLC548)数据转换后，送往单片机处理并显示。调整按键可以改变输入 TLC5615(D/A，同 TLC5616)的数据。TLC5615 的输出电压通过运算放大器与实际输出取样电压比较，控制三极管的电压输出。稳压电路的电压输出接受单片机检测，同时又受单片机的控制。

系统的工作原理与机制如下。

1. 电路模块

(1) AD 转换部分。TLC549 对输出电压进行采集。具体操作为：

① CS 先为高电平(CS 为片选信号，为 1 时，输入脉 i/o clock 不起作用)；

② clock = 0；

③ CS = 0 置低电平，同时 date_out=1 置高；

④ 延时 1.4μs 后开始转化数据。因为 TLC549 是 8 位串行模数转换器，需将 8 位数据依次串行输出，其间 clock 高低电平转化一次；

⑤ 8 次数据转化之后 CS 置 1，片选无效，等待 17μs 后读出数据。

(2) DA 转换部分。TLC5615 为 10 位 D/A 转换电路，其原理见 TLC5615 的 PDF 文件。转换公式为

$$输出电压=\frac{转换数值}{1024}×2×基准电压$$

(3) 显示。采用数码管对 AD 转换后的数据进行显示，因为 TLC549 是 8 位 AD，需要对转化的数据进行处理后才能在七段数码管上动态显示。TLC549 的检测电压值范围为 0～5V，AD 转换后数据为 0～255，应该显示 0～5，并且包含小数点部分。

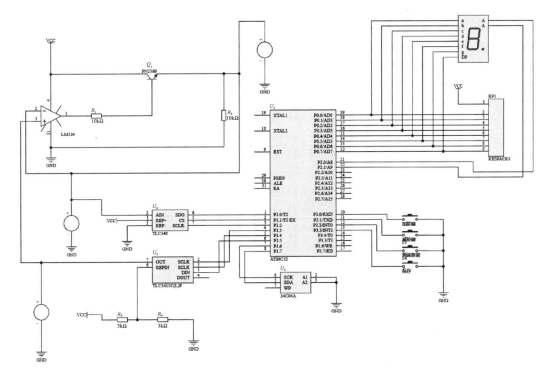

图 5.11　嵌入 DA 转换的稳压电源

(4) 按键操作部分。4 个独立的按键主要是对 DA 的输入数据进行操作，包括加按键、减按键、预读按键和保存按键。在按下加按键一次松开后便进行加 1 的操作；若按键超过一定的时间则增加步长，使其数值能够快速增加，这样可避免面对电压值较大时连续多次按键。减按键是减少操作，用于减少设定的电压值。预读数据按键主要是用于读取事先预设保存的常用电压值，以避免每次使用加按键或减按键都要调整。该键按下后可以读取 AT24C04 的预设电压进行设置。保存按键是用于保存设置的电压值。

2. 编程思路

程序分为键盘处理、DA、AD 和存储 4 个模块。运用扫描法对键盘进行扫描，有按键就更改输入 TLC5615 的数值，加按键是对数据进行加法操作，长按可使步进值增大，实现快加；减按键实现数据的减法运算；预读数据按键用于读取 AT24C04 中预置的数值；保存按键用于保存当前电压值；显示部分主要是对 TLC549 采集回来的电压进行处理显示，它主要是在定时器 timer0 的中断服务程序中显示，100ms 刷新显示一次；TLC5615 模块通过对 DA 的串行数据输入，使其在输出电压时可控，输出电压后经 LM324、三极管加上负载输出电压。输出电压后，用 TLC549 芯片 100ms 采集一次，送数码管显示。

3. 程序清单

```
#include <REG51.H>
#include "intrins.h"
#include "AT24C04.h"
#define  uchar unsigned char
#define  uint unsigned int
uchar code  LED[10] = {0xc0,0xf9,0xa4,0xb0,0x99,0x92,0x82,0xf8,0x80,0x90};
uchar code Bit_sel[4] = {0x08,0x04,0x02,0x01}; //各个数码管对应的位选数据

sbit DIO = P1^0;          //数据线
sbit CS = P1^1;           //片选
sbit CLK = P1^2;          //io 口时钟

sbit SCS = P1^4;sbit SDATA = P1^5;sbit SCLK = P1^3;sbit ADD = P3^0;
sbit SUB = P3^1;sbit Pre_read = P3^2;sbit Store = P3^3;

uint qian,bai,shi,ge;    /*用于显示数码管的千、百、十、个等四位的显示*/
uint val,num;            /*val 是用于输入 DA 的数据，num 是用于判断是不是长按的*/
uint cp;                 /*计数的变量*/
uchar key_stat; uchar add_stat,sub_stat; uchar st_flag,pre_flag;

void delay(uint x)       /*微秒级是延时函数*/
{while(x--)_nop_();}
void deal(uint num)      /*显示程序，处理 AD 的返回值*/
{ qian=num/1000;         /*千、百、十、个处理*/
bai=num/100%10;
shi=num/10%10;
ge=num%10;}

uint TL549_AD()              /*TLC549 处理，返回 AD 的返回值*
{   uchar i;    uint data_ad = 0;
    CS = 1;                   /*初始化，启动*/
    CLK = 0; CS = 0; _nop_();
    for(i = 0;i < 8;i++)      /*读取采集数据:上一次采集数据*/
    {CLK = 1;if(DIO)data_ad |= 0x01;
     CLK = 0; data_ad = data_ad << 1;}
    CS = 1; data_ad = data_ad * (500/ 256);
    return(data_ad); }

void TLC5615_DA(uint da)      /*TLC5615 的 DA 转换函数，将 da 转换后模拟输出*/
{ uchar i; da<<=6; SCS=0; SCLK=0;
for (i=0;i<12;i++)
```

```
{   SDATA=(bit)(da&0x8000); SCLK=1;
    da<<=1; SCLK=0; }
    SCS=1;  SCLK=0;
    for (i=0;i<12;i++); }
void key_scan()                 /*处理那些独立按键*/
{if (ADD == 0)                  /*加按键的处理*/
{   delay(10);
    if (ADD == 0)
    {add_stat = 1;  num ++;}
    else    {add_stat = 0;  num = 0;     }
    /*此处判断是不是长按，长按的话使其步进值加大*/
    if (ADD == 0 && add_stat == 1 && num >= 300)
    {val += 5;num = 0;  }
    if (ADD == 1 && add_stat == 1)
    {val ++;     num = 0;     add_stat = 0;}
    if (val >= 1024){val = 1023;}
}
if (SUB == 0)                   /*减按键的处理*/
{delay(10);

if (SUB == 0)
{   sub_stat = 1;num ++;}
if (SUB == 0 && sub_stat == 1 && num >= 300)
{   val -= 5;   num = 0;     }
if (SUB == 1 && sub_stat == 1)
{   val --;num = 0;sub_stat = 0;}
if (val <= 0) val = 0;}
    if (Pre_read == 0)      /*预读数据的键盘处理函数*/
    {delay(100);
     if (Pre_read == 0) {pre_flag = 1;  }
     if (Pre_read == 1 &&pre_flag == 1 )
     {pre_flag = 0;
      val = read_24C04(20); /*从AT24C04中的地址20读出预存储的数据*/
      }
     }
if (Store == 0)                 /*保存数值按键的键盘处理函数*/
    {delay(100);
     if (Store == 0){st_flag = 1;}
     if (Store == 1 && st_flag == 1)
     {st_flag  = 0;
      write_24C04(20,val);   /*向AT24C04中的地址20写入存储的数据*/
      }
     }
```

```
}
void timer0_init (void)        /*初始化定时器 0*/
{ EA = 0; TMOD = 0x01;TR0 = 0;
TL0 = (65536-5000)%256;        //设置计数器初值
TH0 = (65536-5000)/256;
PT0 = 1;ET0 = 1;EA = 1;TR0 = 1;}


void main(void) /*主程序*/
{    timer0_init();            //初始化定时器 timer0
     init_24C04();             //初始化 AT24C04
     while(1)
     {
         key_scan();           //调用键盘扫描函数
         TLC5615_DA(val);      //处理键盘发送过来的值
     }
}


void timer0_isr(void)   interrupt  1  /*定时器 timer0，方式 1 的中断服务子程序*/
{/*数码管的位选变量*/
     TR0 = 0;                   /*停止计数*
     TL0 = (65536-5000)%256;/*重新载入计数器初值*/
     TH0 = (65536-5000)/256;
     cp++;                      /*位循环变量加 1*/
     if(cp >= 4)cp = 0;
     deal(TL549_AD());          /*循环显示 1 次，j 清零*/
     TR0 = 1;
     P0=0xff;   /*与 j 对应，P2 输出数码管的位选信号*/
     switch(cp)
     {case 0: P0 = LED[ge]; break;
      case 1: P0 = LED[shi]; break;
      case 2: P0 = LED[bai]&0x7f; break;
      case 3: P0 = LED[qian]; break;     }
     P2 = Bit_sel[cp];
}


/*AT24C04 的驱动*/
#ifndef AT24C04_10_04_07

sbit ATCLK=P1^6;sbit SDA=P1^7;
sbit a7=ACC^7;sbit a6=ACC^6;
sbit a5=ACC^5;sbit a4=ACC^4;
sbit a3=ACC^3;sbit a2=ACC^2;
sbit a1=ACC^1;sbit a0=ACC^0;
```

```
void init_24C04() /*24C04 的初始化*/
{SDA=1; _nop_();    ATCLK=1; _nop_();}

void start_24C04() /*启动 24C04*/
{SDA=1; _nop_(); ATCLK=1; _nop_();
SDA=0; _nop_(); ATCLK=0; _nop_();}

void stop_24C04() /*停止 24C04*/
{SDA=0; _nop_();    ATCLK=1; _nop_();
    SDA=1;    _nop_();}

void response() /*24C04 应答*/

{unsigned char i;
ATCLK=1;    _nop_();
    while((SDA==1)&&(i<250))i++;
    ATCLK=0; _nop_();}

unsigned char read_byte() /*读取 24C04 一个字节*/
{    SDA=1;
    ATCLK=1;a7=SDA;ATCLK=0;
    ATCLK=1;a6=SDA;ATCLK=0;
    ATCLK=1;a5=SDA;ATCLK=0;
    ATCLK=1;a4=SDA;ATCLK=0;
    ATCLK=1;a3=SDA;ATCLK=0;
    ATCLK=1;a2=SDA;ATCLK=0;
    ATCLK=1;a1=SDA;ATCLK=0;
    ATCLK=1;a0=SDA;ATCLK=0;
    SDA=1;  ATCLK=0; return ACC;}

void write_byte(unsigned char addr)  /*写入 24C04 一个字节*/
{    ACC=addr;
    SDA=a7;ATCLK=1;ATCLK=0;
    SDA=a6;ATCLK=1;ATCLK=0;
    SDA=a5;ATCLK=1;ATCLK=0;
    SDA=a4;ATCLK=1;ATCLK=0;
    SDA=a3;ATCLK=1;ATCLK=0;
    SDA=a2;ATCLK=1;ATCLK=0;
    SDA=a1;ATCLK=1;ATCLK=0;
    SDA=a0;ATCLK=1;ATCLK=0;
    SDA=1;   ATCLK=0;}
void write_24C04(unsigned char addr,unsigned char dat)
{/*写 24C04 的数据*/
```

```
    start_24C04(); write_byte(0xa0);
    response(); write_byte(addr);
    response(); write_byte(dat);
    response(); stop_24C04();}

unsigned char read_24C04(unsigned char addr)
{/*读 24C04 的数据*/
    unsigned char t;    start_24C04();
    write_byte(0xa0);   response();
    write_byte(addr);   response();
    start_24C04(); write_byte(0xa1);
    response(); t=read_byte();
    stop_24C04();   return t;}
#endif
```

5.2.4　入数出数通道 I(d)→O(d)

当输入信号是数字信号，输出信号也是数字信号时，虽然不需进行信号类型转换，但有时为满足输入信号与输出信号之间的电平一致性要求，也需要置入信号调理电路；在通道中可能出现干扰时，需要注意消除干扰。

有些数字信号，如开关信号、脉冲信号，来源于系统开关触点的闭合和断开、指示灯的亮和灭、继电器或接触器的吸合和释放、电动机的启动和停止、晶闸管的通和断等动作。这些动作在产生数字信号的同时，也会产生随机干扰信号或者信号激增(突然增大)。凡在电路中存在起到通、断作用的各种按钮、触点、开关，其端子引出的信号作为输入的数字信号，都要考虑调理，如电平转换、滤波、过电压保护、反电压保护、光电隔离等。这些操作主要基于以下几点考虑。

(1) 电平转换是用 I/V 转换把电流信号转换为电压信号。

(2) 滤波是用滤波器滤出随机干扰信号。

(3) 过电压保护是用稳压管和限流电阻做过电压保护，防止激增的高电平损坏相关元器件；用稳压管或压敏电阻把瞬态尖峰电压钳位在安全电平上。

(4) 反电压保护是串联一个二极管防止反极性电压输入。

(5) 光电隔离是用光耦隔离器隔离外部非数字信号。

在处理 I(d)→O(d)通道设计时，常常先将脉冲信号(频率、周期、脉冲数)通过调理(放大、滤波、I/V 转换)，再经隔离后送入数字信号处理单元，如图 5.12 所示。

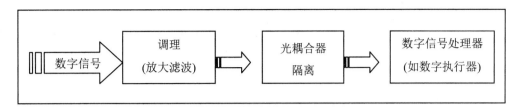

图 5.12　I(d)→O(d)通道的一般结构形式

有时数字信号是非常微弱的，如 CPU 输出的数字信号。此时若数字信号处理器(如执行器)对信号强度要求很高，是输入到通道数字信号的几十甚至更多倍，则需要在处理器之前增加数字驱动电路，如图 5.13 所示。驱动电路(drive circuit)是专门用来将信号放大的中间电路，是机电专业 CCS 设计的一个重要内容，第 6 章将专门介绍，这里不再赘述。

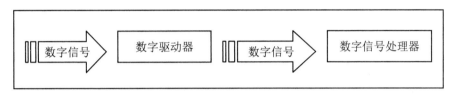

图 5.13　数字驱动器的逻辑位置

第6章　计算机控制系统的驱动设计

当 CCS 中的执行器需要较强或某种特定的输入信号，而通过普通的放大或调理无法满足要求时，往往需要考虑置入驱动电路(简称驱动或驱动器)，将信号放大到满足执行器的要求。驱动电路的实质是一个功率放大电路，它提供负载(执行器)所需额定功率，使负载可以正常工作。一般来说，不同的负载需要不同的驱动电路，因此驱动设计是 CCS 设计不可忽略的一个环节。本章将介绍与驱动相关的知识。

6.1　驱动设计基础

本节介绍驱动设计的入门知识，包括驱动设计的原则和常见的用于驱动设计的基础元器件和集成电路。

6.1.1　驱动设计与选用的原则

驱动是执行器的前置电路，其基本任务是放大，将信息通道的微弱信号或者较小信号放大、调制后发送给执行器，确保执行器能够顺利工作。驱动是变弱为强的电路模块，其作业机理如图 6.1 所示。

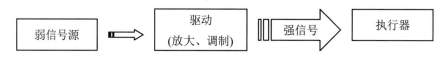

图 6.1　驱动的作业机理

按照驱动信号的性质，驱动可分为电流驱动型(器件、模块或电路的输出参数大小与输入的电流参数大小有关)和电压驱动型(器件、模块或电路的输出参数大小和输入的电压参数大小有关)。按照驱动的组成形式，可分为分立元件型和专用集成电路型。

不管怎样分类，放大与调制是驱动电路设计与选用的原则。需要说明的是，这个原则通用但不具体。实事求是地讲，驱动设计是电子设计的一个重要课题。学者周润景曾专门著书对驱动设计做了分类研究。他收集了 19 个典型的驱动电路设计案例，包含 LED 点阵驱动电路系统设计、LED 荧光灯驱动电路系统设计、液晶显示器驱动电路系统设计、数码管驱动电路系统设计、蜂鸣器驱动电路系统设计、继电器驱动电路系统设计、扬声器驱动电路系统设计、霓虹灯驱动电路系统设计、L298N 电动机驱动电路系统设计等。从该书可以看出，驱动设计绝非一日之功，而是需要在实践摸索和理论升华中不断完善渐致成熟。

6.1.2　常用于驱动电路的器件

在众多的电子器件中，三极管、MOS 场效应管(field effect transistor，FET)、集成运放电路、IGBT 管等都具有放大信号的功能。这些都是设计驱动电路的基本单元。

(1) 三极管，无论是 PNP 型(简称 P 型)还是 NPN 型(简称 N 型)，都具有放大电流的作用，其基本机制是基极电流 I_B 控制集电极电流 I_C(流控型)。基极电流的微小变化会导致集电极电流较大的变化。通常 $\Delta I_C / \Delta I_B$ 的比值称为三极管的电流放大倍数。电流放大倍数对于某一只三极管来说通常是一个定值。三极管在电子电路中最常见的应用就是控制和驱动，是广泛应用于驱动设计的器件之一。后面小节将给出例子说明。

(2) MOS 场效应管，也写作 MOSFET，是金属—氧化物—半导体场效应晶体管或金属—绝缘体—半导体场效应晶体管。MOS 是英文 metal oxide semiconductor 的缩写，通常被用于放大电路或开关电路。MOS 管也有三个极，称为栅极 G、源极 S 和漏级 D。MOS 管可以被制造成增强型或耗尽型，有 P 沟道(简称 P 型，PMOS)与 N 沟道(简称 N 型，NMOS)之分，可组合 4 种类型，如增强 P 沟道、增加 N 沟通等，其电路符号如图 6.2 所示，图中左边的为 N 型(箭头朝里)，右边的为 P 型(箭头朝外)。

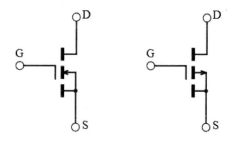

图 6.2　MOS 管的符号

MOS 管属于压控电流型(电压控制)放大器件，由栅极与源极之间的电压 V_{GS} 控制漏极的电流 I_D。MOS 管道放大系数是跨导(gm)，表示当栅极电压改变 1 伏时能引起漏极电流变化多少安培。鉴于此放大属性，MOS 管也常用于驱动电路设计。这里说明一下，实际应用中主要使用增强型 N 沟道 MOS 管和增强型 P 沟道 MOS 管，其中，最为常用的是 NMOS。原因是它的导通电阻小，且容易制造。在一些地方可以看到 VMOS 管的写法，但是 VMOS 管在结构上仍然是 P 型或 N 型的。只是这种新产品有输入阻抗高(≥108W)、驱动电流小

(0.1μA 左右)、耐压高(最高可耐压 1200V)、工作电流大(1.5A～100A)、输出功率高(1～250W)、跨导的线性好、开关速度快等优良特性，深受欢迎。

(3) 集成运放，也叫运算放大器，是一种可以进行数学运算的放大电路，具有高放大倍数的集成电路，它的内部直接耦合的多级放大器，不仅可以通过增大或减小模拟输入信号来实现放大，还可以进行加减法及微积分等运算。也可以说，运算放大器是将半导体、电阻、电容及连接它们的导线等集成在一块硅片上，电路中的各个元器件成为不可分割的固体块，构成一个多级直接耦合的放大电路。一个运算放大器相当于多个晶体管放大电路的组合。因此，运算放大器是一种用途广泛、便于使用的集成电路，广泛用于模拟信号的处理和放大器电路之中，性能好、价位低。运算放大器的基本电路符号如图 6.3 所示。但是在实际绘制电路图时，也会出现图 6.4 所示的形式，其中图 6.4(a)是标准运放符号，而图 6.4(b)、图 6.4(c)则是全差分运放的符号。

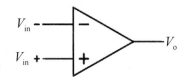

图 6.3　运算放大器的基本电路符号

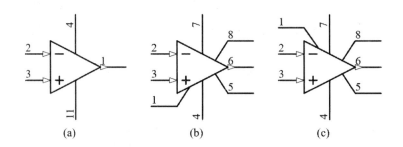

(a)　　　　　　　(b)　　　　　　　(c)

图 6.4　运算放大器的多个电路符号

从图 6.3 可以看出，运算放大器有正相输入端 $V_{in}(+)$ 和反相输入端 $V_{in}(-)$ 两个输入引脚，以及一个输出引脚 V_o。从这个意义上，可以说运放由输入级、中间级、输出级三部分组成。在一些文献中，也可以看到这样的说法：运放是由输入端、输出端、偏置电路和中间集四部分组成。其实后面的这种说法是结合了运放在具体应用中的电路设计要求而言的。在 6.2.3 小节可以看到，运放必须设置偏置电路才能正常工作，如图 6.5 中的电阻 R_2 就是一个负反馈偏置电路。

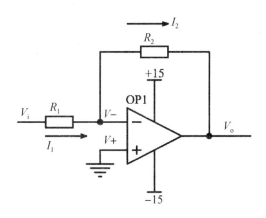

图 6.5　运放偏置电路

从图 6.6 可知，运算放大器还有电源引脚(+电源、−电源)。所有的运算放大器都有两个电源引脚，这两个引脚需要连接电源以确保运放的输入端出现电压。因为运放的输入和输出都是电压，这两个引线连接的电源在必要时可以与输入端或者输出端形成电压差。读者可以通过阅读运放的专业资料来了解更多的知识。

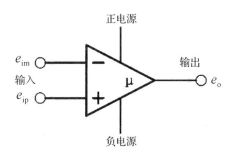

图 6.6　标准运算放大器的极

运算放大器的主要功能是以高增益放大、输出两个模拟信号的差值(电压)。放大两个输入电压差的运放称为差动放大器。当 $V_{in}(+)$ 电压较高时，正向放大输出。当 $V_{in}(-)$ 电压较高时，负向放大输出。此外，运算放大器还具有输入阻抗极大和输出阻抗极小的特征。即使输入信号的差很小，由于运算放大器有极高的放大倍数，也会导致输出最大或最小电压值。后面小节将介绍利用运算放大器设计的例子。

(4)　IGBT，是英文 insulated gate bipolar transistor 的缩写，即绝缘栅双极型晶体管，简称 IGBT 管，是由 BJT(双极型三极管)和 MOS 管组成的复合全控型电压驱动式功率半导体器件。IGBT 有三个极，分别是栅极 G、集电极 C 和发射极 E，也分为 P 沟道型(简称 P 型)和 N 沟道型(简称 N 型)。目前，国际上还没有统一 IGBT 的电器符号，常用图 6.7 所示的两种形式来表示。

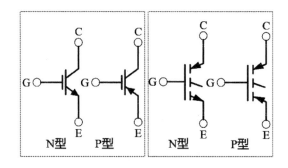

图 6.7　IGBT 的电器符号

IGBT 驱动功率小、饱和压降低，兼有 MOSFET 的高输入阻抗和低导通压降两方面的优点，在电力系统中作为功率放大工具广泛应用。它是一种电压控制的电力三极管，可以看作是一个高功率版本的 CMOS 管，其特点是开关频率高，非常适合应用于直流电压为 600V 及以上的变流系统(如交流电动机、变频器、开关电源、照明电路、牵引传动等)领域。例如，家庭方面的主要应用有变频空调、电磁炉、微波炉，电脑电源的主动 PFC、UPS；在工业方面主要用于各种电动机驱动。从功能上来说，IGBT 就是一个电路开关，用在电压几十到几百伏量级、电流几十到几百安培量级的强电上。

三极管、MOS 管、运放电路和 IGBT 管都是常用的驱动设计器件，每种都有自身的作业机制和电气特征。相关的资料可在电子方面的专业书籍中查阅。鉴于本书旨在宏观层面指导读者从事 CCS 设计，这里不再赘述。这里只陈述一个事实：目前，IGBT 器件主要由国外跨国公司生产，如英飞凌、ABB、三菱、西门子、东芝、富士等，国内在中高端 MOSFET 及 IGBT 主流器件市场上，90%依赖进口。振兴国家任重道远。

6.2　CCS 中一些简单驱动的设计

驱动设计涉及电子系统设计的多个方面，不可能在一个章节讲清楚。本节根据机电专业的基础和 CCS 设计的需要，介绍利用三极管、MOS 管和运算放大器设计驱动的一些案例。

6.2.1　基于三极管的设计

三极管驱动有共发射极输出、共集电极输出两种结构。对于 PNP 型，常采用共发射极输出；而对于 NPN 型，则采用共集电极输出。所谓共极，就是通过某个极输出信号。例如，图 6.8(a)就是 PNP 管共发射极性的结构，而图 6.8(b)就是 NPN 型共集电极输出。

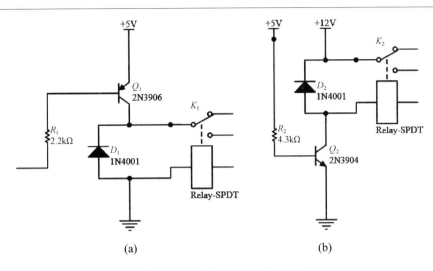

图 6.8　三极管的两种共极结构

　　三极管除了通过基极电流控制集电极电流之外，还可以进行不同电压之间的转换控制。比如，一个 5V 单片机系统要跟一个 12V 的系统对接，如果在单片机的 IO 口直接接 12V 电压就会烧坏单片机。此时就需要加一个三极管，如图 6.9 所示。当 IO 口输出高电平 5V 时，三极管有电流流过而导通，OUT 输出低电平 0V；当 IO 口输出低电平时，三极管截止；OUT 则由于上拉电阻 R_2 的作用而输出 12V 的高电平。这就实现了低电压控制高电压。这个设计中，共集电极的上拉电阻 R_2 在三极管控制电压的设计中经常用到。

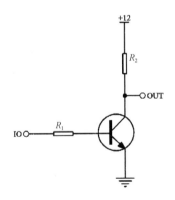

图 6.9　三极管及其上拉电阻

　　驱动设计除了考虑电压变换以外，还要考虑电流输出能力。如果采用单片机作为控制计算机，更要注意这个问题。单片机是个控制器，其 IO 口可以输出一个 5V 以内的高电平，但是它输出的电流却非常有限。普通 IO 口输出高电平时，大概只有几十到几百μA 的电流，达不到 1mA。以 STC89C52 为例，其官方手册的 81 页对电气特性的介绍中说，整个单片机的工作电流不要超过 50mA，单个 IO 口总电流不超过 6mA。即使一些增强型 51 的 IO

口承受电流大一点，可以到 25mA，但是还要受到总电流 50mA 的限制。这样的电流根本无法驱动一些额定电流较大的器件。

例 1 设计用单片机点亮一个 LED 灯的电路。首先考虑图 6.10 的两种连接。

图 6.10 中上面电路的 LED 灯，当 IO 口是高电平时，由于左右两端都是高电平，流过的电流很小而无法发光；当 IO 口是低电平时，由于左右存在电位差，会使来自电源方面的电流流过而发亮。而下边的电路则不然，当 IO 口是高电平时，因发自 IO 口的电流非常小，无法点亮小灯或者亮度很低；当 IO 口是低电平时，没有电流通过也无法点亮小灯。

解决这样问题的办法就是使用三极管。将 LED 接在三极管的集电极，将三极管的基极接到 IO 口，如图 6.11 所示，就可以通过 IO 口的微小电流使集电极得到较大电流(图中的三极管得到 500mA 的电流)。

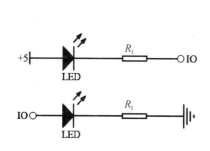

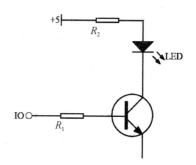

图 6.10 LED 灯直接连接　　　　　　　图 6.11 三极管驱动 LED

利用三极管的放大功能，可以解决像前述的单个 LED 器件的驱动。但是对于多个器件，还是存在问题，比如多个器件串联，电压被分解了，并联则电流被分解了。

例 2 分析图 6.12 所示的用三极管驱动设计并联 LED。

考虑设计成图 6.13，采用一个三极管来驱动，简单计算一下就会发现问题。5V 的电压减去 LED 本身的压降，再减掉三极管 E 和 C 之间的压降，限流电阻用的是 330Ω，那么每条支路的电流大概是 8mA，8 路 LED 如果全部同时点亮的话电流总和就是 64mA。如果接到单片机的 IO 口，会超过单片机的输出功率变得不稳定，甚至导致单片机烧毁。这时理论上可以用三极管级联放大，但是那样的电路会十分复杂。此时一般会考虑置入一个专门的驱动器芯片来处理。有很多种专门的驱动器芯片可用。

这些驱动芯片(IC)可以作为单片机的电流驱动，例如芯片 74HC245。该芯片在逻辑上起不到什么作用，只是当作电流缓冲器。查看其数据手册，发现它稳定工作在 70mA 电流是没有问题的，比单片机的 8 个 IO 口总电流大。把它接在小灯和 IO 口之间，如图 6.14 所示，就能完成多个 LED 并联的驱动。读者可以结合该芯片的文档分析其工作过程。

除了 LED 以外，继电器、蜂鸣器、电动机等器件都需要流过较大的电流(约 50mA)才能工作。一般的集成电路不能提供这样大的电流，因此必须进行扩流。

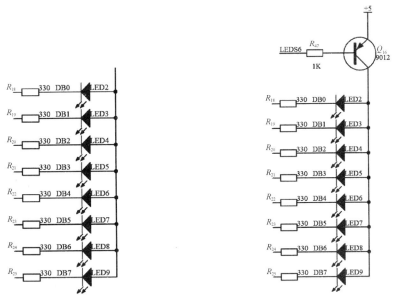

图 6.12　并联 LED　　　　　　图 6.13　单三极管驱动并联 LED

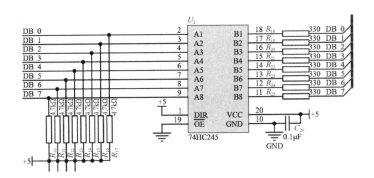

图 6.14　74HC245 功能图

例 3　图 6.15 所示为用 NPN 型三极管驱动继电器的电路。图中阴影部分为继电器电路，继电器线圈作为集电极负载而接到集电极和正电源之间。当输入为 0V 时，三极管截止，继电器线圈无电流流过，则继电器释放(OFF)；相反，当 VCC 端的输入电压为+V_{CC} 时，三极管饱和，继电器线圈有相当大的电流流过，则继电器吸合(ON)。

图 6.15 中整流二极管的作用为：当 VCC 端的输入电压由+V_{CC} 变为 0V，三极管由饱和变为截止时，继电器电感线圈中的电流突然失去了流通通路；若无续流二极管 D，它会在线圈两端产生较大的反向电动势，其极性为下正上负，其电压值可达一百多伏。这个电压加上电源电压都作用在三极管的集电极上，足以损坏三极管。故续流二极管 D 的作用是将

这个反向电动势通过图中箭头所指方向放电，使三极管集电极对地的电压最高不超过 $(+V_{CC}+0.7)$V。

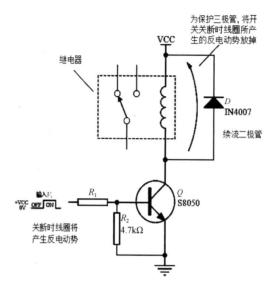

图 6.15　用 NPN 三极管驱动继电器电路图

例 4　图 6.16 是三极管驱动直流电动机的电路图。通过改变两对大功率 PNP、NPN 三极管的导通，控制流入直流电动机里的电流方向，以实现直流电动机的正反转。工作时，两对三极管一定为大功率三极管，通过控制三极管基极的高低电位使一对 PNP 或 NPN 导通，即可控制电流的方向，实现直流电动机正反转。当 1 端口为高电平、2 端口为低电平时，电流从右到左流过直流电动机；当 2 端口为高电平、1 端口为低电平时，电流从左到右流过直流电动机；当端口 1、2 同为高电平或同为低电平时电动机停止。通过改变流过电动机的电流方向，可以实现直流电动机的正反转。4 个二极管为了防止电动机产生反向大电流击穿，电容是为了防止电动机产生的尖脉冲。

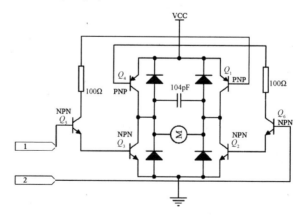

图 6.16　三极管驱动直流电动机的电路

6.2.2　基于 MOS 管的设计

MOS 管(金属氧化物半导体场效应晶体管)的源极 S、栅极 G、漏极 D 分别对应于三极管的发射极 E、基极 B、集电极 C，它们的作用相似，图 6.17(a)所示是 N 沟道 MOS 管和 NPN 型晶体三极管引脚，图 6.17(b)所示是 P 沟道 MOS 管和 PNP 型晶体三极管引脚。

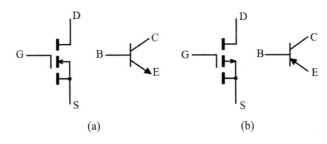

(a)　　　　　　　　　　(b)

图 6.17　MOS 管对比三极管管脚

MOS 管是电压控制电流器件，由 V_{GS} 控制 I_D，普通的晶体三极管是电流控制电流器件，由 I_B 控制 I_C。MOS 管 G 极和其他电极是绝缘的，不产生电流；而三极管工作时，基极电流 I_B 决定集电极电流 I_C，因此场效应管的输入电阻比三极管的输入电阻高得多。相比三极管，MOS 管具有开关速度快、易并联、所需驱动功率低等优点(有学者总结出 11 个优点，读者可以检索相关文献阅读)，因此在很多驱动设计场合，人们会考虑采用 MOS 管。由于 MOS 管与三极管是不同的作业机制，采用 MOS 管设计驱动时，V_{GS} 是一个重要因素。此外，鉴于 MOS 管内部结构与三极管的不同，还需要考虑以下几个因素。

(1) 对于 NMOS，只要 V_{GS} 大于一定的值就会导通。因此 NMOS 适用于源极接地的情况(低端驱动)，只要栅极电压达到 4V 或 10V 就可以导通。对于 PMOS，只要 V_{GS} 小于一定的值就会导通。因此 PMOS 适用于源极接 VCC 端的情况(高端驱动)。尽管如此，因为 PMOS 的导通电阻大、价格贵，在高端驱动中人们一般还是选用 NMOS。

(2) MOS 管开通瞬时，需要提供足够大的充电电流使 GS 栅源极间电压迅速上升到所需值，并且在管导通期间要保证 GS 栅源极间电压保持稳定。

(3) 关断瞬间电路要提供一个尽可能低阻抗的通路供 GS 栅、源极间电容电压(MOS 管的 GS 极间因制造工艺水平存在寄生电容，关断时其漏、源两端电压的突然上升，会通过结电容在栅、源两端产生干扰电压)快速泄放，保证开关管能快速关断，且关断期间驱动电路最好能提供一定的负电压，避免受到干扰产生误导通。

(4) 驱动电路结构简单可靠，损耗小，最好有隔离。

在 CCS 设计中，利用 MOS 管设计驱动主要考虑 MOS 管要驱动的对象。一般来说，如果驱动的对象是一个继电器之类的小负载，就可以直接用单片机的 IO 口引脚接到 MOS 管的 G 极，但须注意的是，电感类负载要加保护二极管并吸收缓冲，使用 NMOS。如果驱动对象的功率很大(大电流、大电压的场合)，要做电气隔离、过流超压保护、温度保护等。总之，正如前已述及的那样，驱动设计是一个需要在实践中摸索和在理论上升华的苦涩工作，不会一蹴而就。

为便于读者对 MOS 管设计驱动进行理解，这里给出几个基于 MOS 管设计的例子。

例 5 单片机通过 MOS 管驱动继电器。图 6.18 给出了 ATmega2560 与 MOS 管驱动一组 81 个继电器 I/O 的设计。

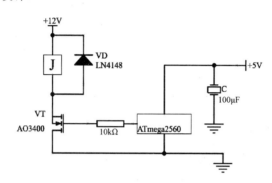

图 6.18　单片机通过 MOS 管驱动继电器

图 6.18 中的 ATmega2560 是一款 Atmel 公司生产的 8 位 AVR 单片机，采用 QFP100 封装，有 86 个 I/O 口。一般用单片机控制继电器的通断，采用普通的双极型三极管驱动即可。这里由于要同时控制最多 81 个继电器的通断，若采用双极型三极管驱动继电器，如管子同时工作，可能会从单片机汲取较大的电流。因此这里选用贴片 MOS 管来驱动这些继电器。图 6.18 是单片机的一个 I/O 口通过 N 沟道 MOS 管驱动继电器的电路。只要给单片机编写相应的程序，其 I/O 口即可根据需要控制继电器的通断。由于 MOS 管为电压控制器件，其栅、源两极之间只要有足够大的驱动电压即可控制继电器的通断。在低速控制的情况下，这类 MOS 管从单片机 I/O 口汲取的电流一般小于等于 2μA。若控制 81 个继电器，可以在单片机的每个 I/O 口加一个 MOS 管。图中 AO3400 是一款贴片封装的、低开启电压(1.5～2V)的 N 沟道 MOS 场效应管，其耐压值为 30V，漏极电流可达 5.7A。用单片机控制数十个继电器的通断，这些继电器工作时可能会对单片机电路产生干扰，故单片机与继电器不可共用一组电源，单片机需要的 5V 电压，可由 7805 或 AMS1117 稳压后供给。电容用于过滤单片机输入端的噪声。

例 6 VMOS 管驱动直流电动机单向转动。图 6.19 是一个 VMOS 管驱动直流电动机的设计。图 6.19 中 78L05 是一种固定电压(5V)三端集成稳压器，它保证了 VMOS 的 VGS 电压输入。电动机单独加载 18V 的直流电源供电，VMOS 的漏极采用"开路输出"输出控制信号。开路输出方式配置偏置电阻以建立工作点，限定输出电流。

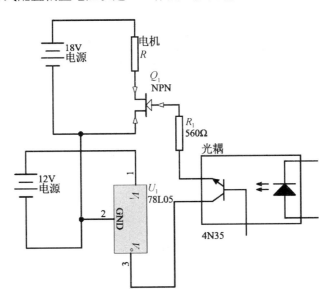

图 6.19　VMOS 管驱动直流电动机

例 7　利用 MOS 管驱动电动机正反转的 H 桥电路。电动机驱动电路既可通过继电器或功率晶体管驱动，也可利用功率型 MOS 管驱动。所谓 H 桥电路，就是用于控制电动机正反转。图 6.20、图 6.21 就是一种简单的 H 桥电路，它由两个 PMOS 管 Q_1、Q_2 与两个 NMOS 管 Q_3、Q_4 组成，所以它叫 P-NMOS 管 H 桥。

桥臂上的 4 个场效应管相当于 4 个开关，P 型管在栅极为低电平时导通，高电平时关闭；N 型管在栅极为高电平时导通，低电平时关闭。场效应管是电压控制型元件，栅极通过的电流几乎为零。正因为这个特点，连接好电路后，控制臂 1 置高电平($U=V_{CC}$)、控制臂 2 置低电平($U=0$)时，Q_1、Q_4 关闭，Q_2、Q_3 导通，电动机左端低电平，右端高电平，所以电流沿箭头方向流动，电动机正转，见图 6.20。控制臂 1 置低电平、控制臂 2 置高电平时，Q_2、Q_3 关闭，Q_1、Q_4 导通，电动机左端高电平，右端低电平，所以电流沿箭头方向流动，电动机反转，见图 6.21。当控制臂 1、控制臂 2 均为低电平时，Q_1、Q_2 导通，Q_3、Q_4 关闭，电动机两端均为高电平，电动机不转；当控制臂 1、控制臂 2 均为高电平时，Q_1、Q_2 关闭，Q_3、Q_4 导通，电动机两端均为低电平，电动机也不转。因此，此电路无论控制臂状态如何，H 桥都不会出现"共态导通"(短路)。

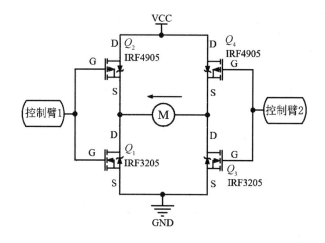

图 6.20　MOS 管 H 桥控制电动机正转

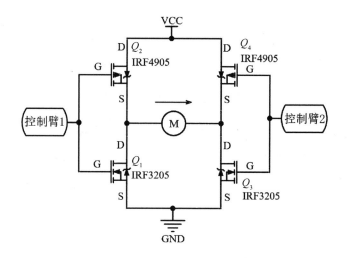

图 6.21　MOS 管 H 桥控制电动机反转

6.2.3　基于运放的设计

　　尽管存在电流型运放和阻抗型运放，但电压型运放在 CCS 设计中的使用较多。本节主要介绍电压型运放的放大设计案例。

　　运算放大器是具有高放大倍数和深度电压负反馈的直接耦合放大器，稳定性高，并且具有晶体管负反馈放大器的优点，在线性系统中得到了广泛的应用。运算放大器的使用方法与晶体管放大器相同。但是因运算放大器开环放大倍数(增益)特别大，通常为104～106，运算放大器在使用中必须接反馈电阻，产生深度的电压负反馈，放大器才能正常工作，否则放大器会因输出电压过大而无法工作。

运算放大器亦是由输入信号控制输出信号，输出信号与输入信号成比例变化，这是线性应用的基础。运算放大器输入基本上有两种连接方式——反相输入和同相输入。不论信号的输入方式如何，输出电压总是通过网络加到放大器的反相输入端，以实现深度负反馈。

(1) 反相放大器电路。图 6.22 是运放的反相放大器电路。该电路具有放大输入信号并反相输出的功能。"反相"的意思是正、负符号颠倒，即输入为正，输出为负，或输入为负，输出为正，输入、输出波形的相位相差为 180°。这个放大器应用了负反馈技术，将输出信号的一部分返回到输入，如图 6.22 中把输出 V_{out} 经由 R_2 连接(返回)到反相输入端(-)。该反相放大器电路的工作具有以下特点：当输出端不加电源电压时，正相输入端(+)和反相输入端(-)被认为施加了相同的电压，形成所谓的"虚短路"。所以，当正相输入端(+)为 0V 时，A 点的电压也为 0V。根据欧姆定律，可以得出经过 R_1 的电流 $I_1 = V_{in}/R_1$。运算放大器的输入阻抗极高，反相输入端(-)中基本上没有电流。因此当 I_1 经由 A 点流向 R_2 时，I_1 和 I_2 电流基本相等。由此可知，$V_{out} = -I_1 \times R_2$。$I_1$ 为负是因为 I_2 从电压为 0V 的点 A 流出。当反相输入端(-)的输入电压上升时，输出会被反相，向负方向大幅度放大。由于这个负方向的输出电压经由 R_2 与反相输入端相连，因此会使反相输入端(-)的电压上升受阻。此时反相输入端和正相输入端电压都变为 0V，输出电压稳定。

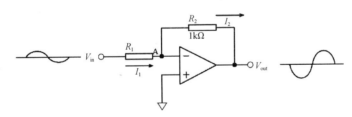

图 6.22　反相放大器电路

现在通过这个放大器电路中输入与输出的关系来计算一下增益(放大倍数)。增益是 V_{out} 和 V_{in} 的比，即 $V_{out}/V_{in} = (-I_1 \times R_2)/(I_1 \times R_1) = -R_2/R_1$。所得增益为 $-R_2/R_1$，其中，负号表示波形反向。

从增益公式可知，增益仅由 R_1 和 R_2 电阻比决定。也就是说，可以通过改变电阻来改变增益。在具有高增益的运算放大器上应用负反馈，通过调整电阻值，就可以得到期望的增益电路。

(2) 正相放大器电路。与反相放大器电路相对，图 6.23 所示电路叫作正相放大器电路。与反相放大器电路最大的不同是，在正相放大器电路中，输入波形和输出波形的相位是相同的，并且输入信号加在正相输入端(+)。与反相放大器电路相同的是，正相放大器电路也利用了负反馈。该电路的工作过程是这样的：首先通过虚短路，使正相输入端(+)和反相输入端(−)的电压都是 V_{in}，即点 A 电压为 V_{in}。根据欧姆定律，$V_{in}=R_1×I_1$。由于运算放大器的两个输入端基本没有电流，所以 $I_1=I_2$。而 V_{out} 为 R_1 与 R_2 电压的和，即 $V_{out}=R_2×I_2+R_1×I_1$。从而得到增益 $G=V_{out}/V_{in}=(1+R_2/R_1)$。

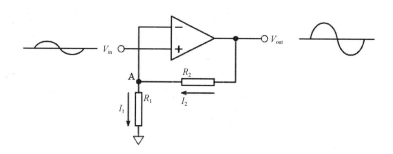

图 6.23　正相放大器电路

如果撤销这个电路中的 R_1，将 R_2 电阻变为 0Ω或者短路，则电路变为增益为 1 的电压跟随器，这种电路常用于阻抗变换和缓冲器中。

在运放的输入和输出端口设计电路组合，还可以得到很多非常实用的电路，例如比较器电路、利用正反馈的调谐电路和振荡电路等。读者可以参考相关的文献查阅这些电路的特点(有关文献总结出了运放具有 11 种经典电路)。但是有一点务必记住，那就是运放将输入端的两个电压差放大成与输入压差同相或反相的电压，是"压进压出"的放大器。在设计电路时要考虑输入端的两个电压信号以及输出端的电压信号方向。例如，LED 驱动器中应用的放大器，多数用在普通电压放大器、电压比较器及波形变换电路或振荡电路中。以下给出几个应用运放驱动执行器的例子。

例 8　运算放大器驱动 LED。图 6.24 是一个利用运放 LM301A 驱动 LED 的电路，从图中可以看出，电路里面的运放没有设置反馈偏置电路，而是直接将 LED 接在运放的输出口 6 并和 8 口形成回路。回路上在 LED (MV50)的后面置一个整流二极管 D2，一是降低 8 口的电压，二是阻止反相电流通过，三是滤去噪声信号。当输入电压 1.4V< E_{in} < 5V 时，为运放的反相输入电压，此时运放输出大约 29mA 的电流，致使 LED 发亮。当输入电压−10V < E_{in} < 1.4V 时，为运放的正相输入电压，6 口输出的电流，因被二极管 D2 阻止而致使 LED 不发亮。

例 9　图 6.25 是一个单运放驱动直流电动机。该电路采用一只运放和一只电阻就能以 6.25V 的输入提供 2.5A 的电流，由 3W 功率的电流检测器 RSC 两端对运放输入端作反馈，从而保持了 RSC 的电流。若 RSC 的电阻记为 R_{sc}，计算方式如下：

$$I_{out} = \frac{V_{in}/R_{sc}}{R_2/R_1}$$

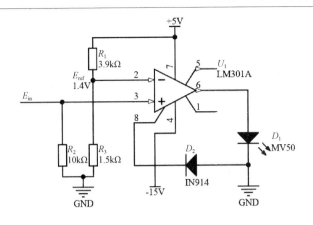

图 6.24　运放 LM301A 驱动 LED

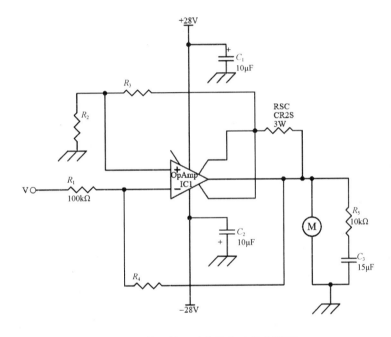

图 6.25　单运放驱动直流电动机电路图

选择 $R_2=R_1=10\text{k}\Omega$，$R_1=R_3=100\text{k}\Omega$，$R_{\text{SC}}=0.25\Omega$，那么在输入 $V_{\text{in}}=6.25\text{V}$ 时，$I_{\text{out}}=2.5\text{A}$。$R_{\text{SC}}$ 的计算公式为：$R_{\text{SC}} = 0.65 / I_{\text{out}} - 0.01$。电阻器 R_1 到 R_4 为 1%，0.25W 型的。

例 10　功率型双运放构成的电动机驱动电路图。图 6.26 采用功率型双运放组成桥式电路驱动电动机。控制信号从 R_1、R_2、R_{P1}、R_{P2} 组成的惠斯登电桥臂上得到。若 R_{P2} 用于信号的检测(从电动机输出到 R_{P2} 建立调节反馈)，电动机对 R_{P1} 进行反馈跟踪调节，则可实现误差比例控制。这里 LM378 可提供最大达 1A 的驱动电流，本电路在伺服系统中具有广泛的应用。

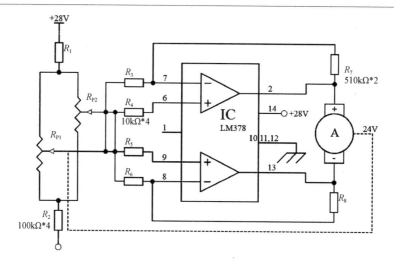

图 6.26 运放驱动电动机

例 11 采用 LM358 构成的直流电动机驱动电路。图 6.27 所示电路是将 LM358 中的两个运放接成双稳态触发器，R_1、R_{P1} 和 R_2、R_{P2} 分压后分别为两个运放的同相输入端提供比较电压(一般取 0.5 倍 V_{CC})，反相输入端分别经 R_3、R_4 接对方的输出端。S_1、S_2 为手动触发开关，C_1 为置位电容，R_5 为直流电动机 M 的限流电阻。刚接通电源时，由于电容器 C_1 两端电压不能突变，IC-1 的③脚为 0V，所以①脚输出低电平，并经 R_4 使 IC-2 的⑤脚为低电平，IC-2 的⑦脚输出高电平，M 经⑦、①脚获约 12V 电压，电动机正转；当按 S_1 开关时，R_1 被短路，1C-1 的③脚为 12V，而高于 IC-2 的⑥脚约 6V 的电压，于是双稳态电路输出翻转，即①脚约 12V，⑦脚为 0V，电动机 M 加反极性电压而反转；同理，按 S_2 开关时双稳态电路再次翻转，①脚为 0V，⑦脚为 12V，电动机 M 正转。

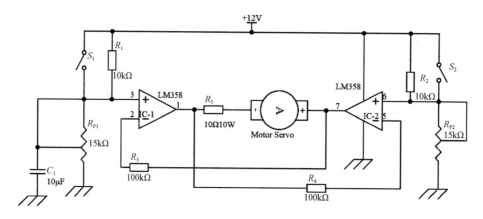

图 6.27 运放驱动直流电动机的设计图

6.2.4　基于驱动 IC 的设计

前面几节介绍的应用三极管、MOS 管和运放的驱动电路设计，是基于这些管的工作原理和模式自行设计驱动电路。这些基本功对于科学技术研究工作非常重要，对于工业应用产品的设计，可以考虑一些捷径，那就是利用市面上已经存在的各种驱动 IC 来设计电路。

目前世界上的驱动器非常丰富，几乎每个需要驱动的执行器都有相应的驱动 IC 可选。每个大的电子器件生产商都生产驱动器件，以下列举几个厂家的产品。

(1) 日本东芝(TOSHIBA)是生产驱动 IC 的跨国企业，在中端产品有很高的占有率，其产品多以 TB 开头的，如 TB62705 等。

(2) 日本索尼(SONY)定位于高端市场，其产品多以 CX 开头，如 CXA3281N 和 CXR3596R 等。

(3) 美国德州仪器(TI)，世界上著名的芯片生产商之一，其产品多以 TLC 开头，如 TLC5921、TLC5930 等。

(4) 美国国家半导体(national semiconductor)，世界上著名的芯片生产商之一，其产品多以 LM 开头，如 LM358、LM378 等。

(5) 美国美信集成产品公司(Maxim)，世界上著名的芯片生产商之一，其产品多以 MAX 开头，如 MAX16818、MAX16802 等。

(6) 美国 CATALYST 公司，产品多以 CAT 开头，如 CAT4201 等。

(7) 欧洲 Zetex 公司，产品多以 ZX 开头，如 ZXLD1350 等。

(8) 中国台湾省的聚积(MBI)，产品以 MBI 开头，如 MBI5001、MBI5016 等。

(9) 中国台湾省的点晶科技(SITI)，产品以 ST、DMI 开头，如 ST2221A、ST2221C、DMI34、DMI35 等。

国内其他厂家生产的驱动，产品命名没有明显的特征，需要在网上查询。

利用已有驱动 IC 芯片设计电路可以减少设计成本，提高设计效率。前提是要花时间了解相关芯片的功能、参数以及封装等，这些都可以在厂家提供的产品说明上找到。以下给出两个设计的例子。

例 12　数码管是电子信息系统常见的显示单元，如电子时钟、计数器等。设计数码管如何显示也是 CCS 设计不可缺少的工作。本例以单片机 AT89S52 为控制计算机，利用 HD74LS164P 为驱动芯片驱动 8 位数码管显示。HD74LS164P 是常用的 3-8 线译码器，具有 3 个输入端(管脚 1,2,3)与 8 个输出端(管脚 15,14,13,12,11,10,9,7)，作用为完成 3 位二进制数据到 8 位片选的译码，也就是说，3 个输入端对应 8 个二进制数据(000,001,010,011,100,

101,110,111)。对于每个输入的数据，输出端相应位输出低电平，其他 7 位输出高电平。74HC164 具有 2 个低电平使能端(管脚 4,5)与 1 个高电平使能端(管脚 6)，当低电平使能端接低电平且高电平使能端接高电平时，74HC164 才能正常工作，否则 8 个输出端全部输出高电平；输出电压为 0.5～7V，电流可达 20mA。根据 74HC164 的这一特性，选择它作为驱动数码管的芯片。整个系统包括单片机、74HC164 驱动、报警模块、数码管显示模块等。其中单片机控制器主要完成外围硬件的控制以及一些运算功能，74HC164 完成串行输入、并行输出，数码管显示模块完成字符、数字的显示功能，系统硬件设计如图 6.28 所示。软件部分包括主程序、定时器 T0 中断服务子程序、164 子程序等模块等，限于篇幅这里不列举软件代码，读者可以根据作业原理自行编写代码及测试。

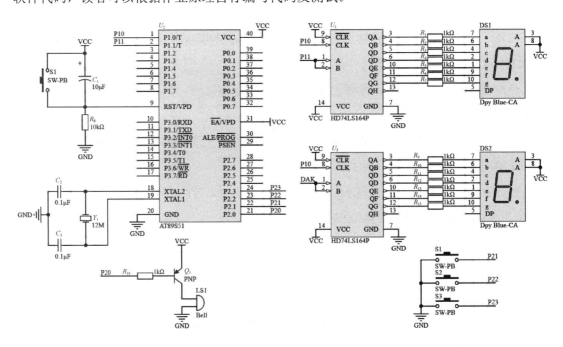

图 6.28　74HC164 驱动数码管显示原理图

例 13　L298N 是 ST 公司生产的一种高电压、大电流电动机驱动芯片。该芯片采用 15 脚封装。主要特点是：工作电压高，最高工作电压可达 46V；输出电流大，瞬间峰值电流可达 3A，持续工作电流为 2A；额定功率 25W。内含两个 H 桥的高电压大电流全桥式驱动器，可以用来驱动直流电动机和步进电动机、继电器线圈等感性负载；采用标准逻辑电平信号控制；具有两个使能控制端，在不受输入信号影响的情况下，允许或禁止器件工作由一个逻辑电源输入端，使内部逻辑电路部分在低电压下工作；可以外接检测电阻，将变化量反馈给控制电路。使用 L298N 芯片驱动电动机，可以驱动一台两相步进电动机或四相步进电动机，也可以驱动两台直流电动机。图 6.29 是利用 L298N 驱动两台电动机的设计。

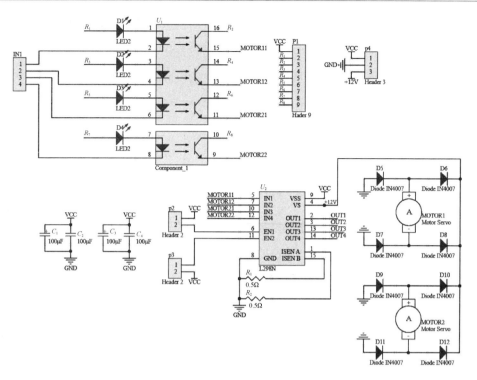

图 6.29　L298N 驱动两台电动机

6.3　CCS 中最常见的两类电动机驱动简介

　　电动机驱动电路的作用指通过控制电动机的旋转角度和运转速度，实现对占空比的控制，达到对电动机的转速控制。在 CCS 中，步进电动机和伺服电动机是常用的两类电动机，这两类电动机需要不同的驱动。步进电动机需要选择步进电动机驱动器，又称细分驱动器；伺服电动机需要伺服驱动器来驱动。

6.3.1　步进电动机驱动器

　　步进电动机是一种把电脉冲信号转换成机械角位移的控制电动机，它接入的是数字信号。当步进电动机接收到一个脉冲信号后，就按设定的方向转动一个固定的角度(步距角)，因此其旋转是以固定的角度一步一步运行的。可以通过控制脉冲个数来控制角位移量，从而达到准确定位的目的；同时可以通过控制脉冲频率来控制电动机转动的速度和加速度，从而达到调速和定位的目的。

　　由于交直流电源无法生成脉冲信号，而步进电动机是接收脉冲信号的执行器，因此步进电动机不能直接接到交流或直流电源上。步进电动机也不能直接接在控制器上，这是因为控制器输出的信号非常微弱，因此必须使用专用设备让步进电动机能够接收控制器的信号，这个专用设备就是步进电动机驱动器。步进电动机驱动器负责将来自控制器方面的信号放大或处理成步进电动机(执行器)所需的数字脉冲信号，其工作原理如图 6.30 所示。

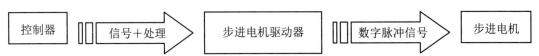

图 6.30　步进电动机驱动器的工作原理

需要说明的是，驱动器仅仅处理控制器传递过来的信号，并不负责为电动机供电。电动机的供电是确保电动机正常能量转换的基础，一般需要单独供电。电动机的供电电路称为电动机的主电路。因此，一些文献将驱动电路定义为：位于主电路和控制电路之间，对控制电路的信号进行放大的中间电路。

在 CCS 中，步进电动机驱动器主要处理计算机方面传递过来的数字信号。计算机可以发出从几赫兹到几十千赫兹频率的脉冲信号，因此驱动器需要将这些信号按照步进电动机的输入要求进行处理。它采用环形分配器的方式分配计算机传递过来的信号。环形分配器的主要功能是把来自控制环节的脉冲序列按一定的规律分配(按照时序分配)。从环形分配器输出的脉冲信号是很弱的，脉冲电流只有几毫安，而步进电动机的定子绕组需要几安培至几十安培的电流，因此需要经过功率放大器的放大加到步进电动机驱动电源，使步进电动机定子绕组按一定顺序通电，控制电动机按照一定的速度正转或者反转一定的转动角。环形分配器主要有两大类：①用计算机软件设计的方法实现环形分配器要求的功能，通常称软环形分配器；②用硬件构成的环形分配器，通常称为硬环形分配器。步进电动机驱动器的作业原理如图 6.31 所示。

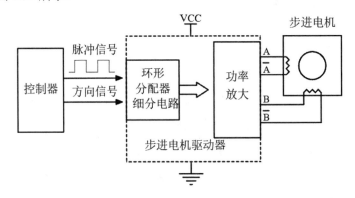

图 6.31　步进电动机驱动器的作业原理示意图

步进电动机驱动器也需要单独供电，如图 6.32 所示。供给驱动器的电压值和电流值对电动机性能影响较大。电压越高，电流越大，步进电动机转速越快、力矩越小。实践中需要测试和调试确定。

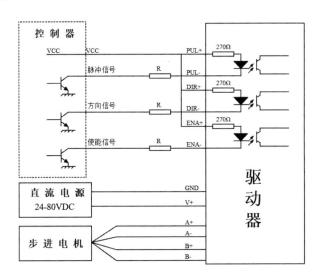

图 6.32　步进电动机驱动器的供电

为了提高步进电动机的精度和平稳性能，步进电动机驱动器需要通过细分减少步距角的角度，使得步进电动机对于每个脉冲的转角减少(精度提高)。能够细分的步进电动机驱动器称为细分驱动器。细分驱动器的原理是通过改变步进电动机相间(如 A、B 相)电流的大小，将一个步距角细分为多步。显而易见，细分数越高，电流越平滑，电动机转动就越平稳。驱动器一般都具有细分功能，常见的细分倍数有 1/2、1/4、1/8、1/16、1/32、1/64、1/256，或 1/5、1/10、1/20。细分后，步进电动机步距角按下列方法计算：

$$步距角=电动机固有步距角÷细分数$$

例如，一台 $1.8°$ 电动机设定为 4 细分，其步距角为 $1.8°÷4=0.45°$。

如果固有步距角不大，细分等级大于 1/4，则电动机的定位精度并不能提高很多，但是电动机转动更平稳。

目前，步进电动机驱动器已经成为电子技术产业的一个产品大类。为了方便用户使用和调试，很多厂家将步进电动机驱动器和步进电动机捆绑。这种捆绑方便设计和调试，但价格也不菲。专业的设计者为了减少成本，往往会利用自己的知识和经验分开选择步进电动机及其驱动器。

选择步进电动机驱动器时，需要考虑以下几项指标。

(1) 输出电流。驱动器的输出电流是判断步进电动机驱动器能力的重要指标之一。通常驱动器的最大电流要略大于电动机标称电流，常用的驱动器有 2.0A、3.5A、6.0A、8.0A 等规格。

(2) 供电电压。供电电压是判断驱动器升速能力的标志。常规电压供给有 24VDC、40VDC、80VDC、110VAC 等。

(3) 细分数。细分数是控制精度的标志，增大细分能改善精度。细分能增加电动机平稳性。

(4) 控制信号接口说明。比如，是差分接口还是其他接口。有些步进电动机驱动器采用差分式接口电路，内置高速光电耦合器，允许接收长线驱动器。长线驱动器电路的抗干扰能力强。

(5) 单/双脉冲模式。步进电动机驱动器可以接收两类脉冲信号：①脉冲+方向形式(单脉冲)；②正脉冲+反脉冲(双脉冲)形式。可通过驱动器内部的跳线器进行选择。

目前，生产步进电动机驱动器的厂家不胜枚举，各个厂家的产品不能一概而论。例如，图 6.33 列出的四款产品，外形上就各有差异。在使用时一定要仔细阅读厂家的使用说明。

图 6.33　步进电动机驱动器

6.3.2　伺服电动机驱动器

伺服电动机将输入的电压信号转变为转轴的转矩和转速以驱动控制对象。改变输入信号的大小和极性可以改变伺服电动机的转速与转向。伺服电动机主要靠接收的电压脉冲信号来定位。它接收到 1 个脉冲,就会旋转 1 个脉冲对应的角度(也称为"步距角"),从而实现位移。同时,伺服电动机本身具备发出脉冲的功能。它每旋转一个角度,都会发出对应数量的脉冲,如此可与它的控制器形成闭环。控制器就知道发送了多少脉冲给伺服电动机,同时又接收了多少脉冲回来。于是控制器就能够很精确地控制电动机的转动,实现精确的定位,精度可以达到 0.001mm。

伺服电动机采用伺服驱动器(servo drives)进行驱动。伺服驱动器又称"伺服控制器""伺服放大器",是用来控制伺服电动机的一种控制器,其作用类似于变频器作用于普通交流电动机,连同电动机一起称为伺服系统,主要应用于高精度的定位系统。一般是通过位置、速度和电流 3 种方式向电动机发出脉冲宽度调制(PWM)信号控制电动机,其作业过程如图 6.34 所示。

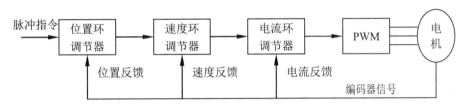

图 6.34　伺服电动机作业过程

伺服驱动器就是处理位置、速度和电流及其反馈信号并输出 PWM 的器件,它可以与伺服电动机及被控对象(机械机构)形成闭环或半闭环,如图 6.35 所示。其中,从被控对象返回信息的为闭环,从伺服电动机返回信息的为半闭环。

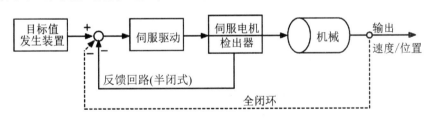

图 6.35　伺服系统的闭环与半闭环

从功能上,伺服电动机驱动器主要包括控制系统和驱动系统两大块。

(1) 控制系统。一般由 DSP 组成,利用它采集电流反馈值闭合电流环,采集编码器信号算出速度闭合速度环,产生驱动系统所需的 PWM 信号。

(2) 驱动系统。主要由整流滤波电路、智能功率模块(IPM)、电流采样电路和编码器的外围电路组成。其中整流滤波电路负责将交流信号转换成直流信号输送给 IPM;IPM 内部是三相两电平桥电路,处理电动机所需的三相信号,通过 6 个开关的开闭输出 UVW 三相信号，控制 UVW 三相每个伺服瞬间的接地或直流高电压连通；电流采样电路输出与控制系统的 AD 相连的电流；编码器的外围电路输出与 DSP 的时间管理器相连。

因此，伺服驱动器可以看作是一个带控制器的驱动模块。它以数字信号处理器(DSP)作为控制核心，智能功率模块(IPM)为驱动电路核心，向伺服电动机发送 PWM 脉冲信号。IPM 内部集成了驱动电路，同时具有过电压、过电流、过热、欠压等故障检测保护电路，在主回路中还加入软启动电路，以减小启动过程对驱动器的冲击。功率驱动单元首先通过三相全桥整流电路对输入的电流进行整流，得到相应的直流电。经过整流的三相电，再通过三相正弦 PWM 电压型逆变器变频，来驱动三相永磁式同步交流伺服电动机。伺服驱动器的整个作业过程可以简单地说是 AC-DC-AC 的转换过程。整流单元(AC-DC)主要的拓扑电路是三相全桥不控整流电路。

读者可从后文有关伺服电动机的介绍中看到，伺服电动机上有个编码器。伺服驱动器控制部分通过读取编码器获得电动机的转子速度、转子位置和机械位置，可以完成伺服电动机的速度控制、转矩控制、机械位置同步跟踪等。连接电动机与驱动器时，一定要专门连接这个编码器。此外，伺服驱动器也需要独立供电。读者可以从图 6.36～图 6.38 看出，不同类型伺服驱动与电动机连接都需要供电，连接编码器。

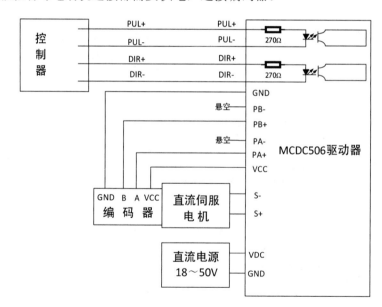

图 6.36　MCDC506 直流伺服驱动的连接

目前，研究和生产伺服驱动器的厂家很多，主要有日本、美国、德国、意大利的一些跨国公司。每个产品的结构不尽相同，图 6.39 列出的四个伺服驱动的外形尽显差异。

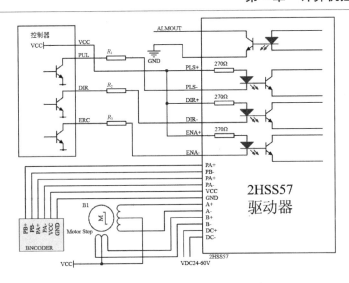

图 6.37　2HSS57 伺服驱动的连接

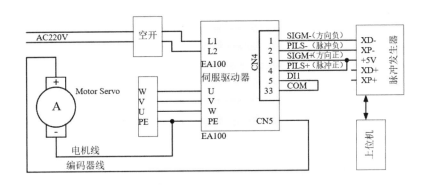

图 6.38　EA100 伺服驱动的连接

图 6.39　伺服驱动器

目前，大多数厂家都将伺服驱动器与电动机一起捆绑销售，主要是为了便于用户调试。单独销售的伺服驱动器主要用在学校、研究和实验场合。

选择伺服驱动器时，主要考虑 6 个方面的指标。

(1) 持续电流、峰值电流；

(2) 供电电压、控制部分供电电压；

(3) 支持的电动机类型、反馈类型；

(4) 控制模式、接收命令的形式；

(5) 通信协议；

(6) 数字 IO。

根据这些信息，大致能选出与电动机匹配的伺服驱动器。除此之外，还要注意工作环境，温湿度情况，安装尺寸是否合适等。

选择驱动器不仅要考虑驱动器是否与电动机匹配，还要考虑控制方式等。伺服驱动器有三种控制模式：位置、速度、力矩。力矩模式和速度模式可以通过外界的模拟量输入或者通过通信命令设定转矩大小；位置模式则是通过脉冲的频率和个数来确定运动的速度和运动时长。力矩模式下电动机输出一个固定的力矩，对位置、速度无法控制。位置模式对速度和位置都有很严格的控制，一般用于定位装置。可根据系统的需求和控制类型选择合适的控制方式。

目前，伺服驱动器越来越智能化，不仅支持各种类型的伺服电动机，还兼容多种类型的反馈，可接收模拟量、PWM、脉冲+方向和软件命令，通信支持 CANopen、Ethercat 等，提供三环控制和换向功能、智能一键调谐等，使用十分方便。还有较高的控制精度，使系统的性能大幅提升，可为开发人员节省大量的时间。

第7章 计算机控制系统的人机接口

在 CCS 中，操作人员与计算机之间常常需要互通信息。操作人员需要了解控制过程中的工作参数、指标、结果等，必要时还要人工干预计算机的某些控制过程，如修改某些控制指标、选择控制算法、对控制过程重新组态，等等。人机接口是指操作人员与计算机之间互相交换信息的接口。这些接口可以显示生产过程中的状况，供操作人员操作和显示操作结果。最基本的人机接口是键盘接口、显示和打印接口以及一些输入接口。

7.1 键 盘 接 口

键盘是一组按键或开关的组合。常用的键盘有两种：编码键盘和非编码键盘。键盘接口向计算机提供被按键的代码。编码键盘可自动提供被按键的编码(比如 ASCII 码或二进制编码)，非编码键盘提供按键的通或断状态(0 或 1)，而所有键的扫描和识别则由键盘程序来实现。前者使用方便，但结构复杂、成本高；后者电路简单，便于自行设计。

7.1.1 独立连接式键盘

独立连接式键盘是最简单的键盘，每个按键独立地接通一条数据线，传递一个独立数字量(开关量)输入。如图 7.1 所示，K0～K3 为开关，K4～K7 为点动按钮，本书统称按键。任何一只键被按下后，与之相连的输入数据线被置 0(低电平)；反之，断开键则该线为 1(高电平)。采用并行输入方式，可利用位处理指令识别该键是否闭合。

常用的机械式按键，由于弹性触点的振动，按键闭合或断开时，会产生抖动干扰。抖动干扰将会引起键盘扫描程序的误判断。为此，必须采用硬件或软件的方法来消除抖动干扰。硬件方法一般采用单稳态触发器或滤波器来消振，软件方法一般采用软件延时或重复扫描的方法，即多次扫描的状态皆相同，则认为此按键状态已稳定。

独立连接式键盘的优点是电路简单，适用于按键数较少的情况。但其缺点是浪费电路，对于按键数较多的情况，应采用矩阵连接式键盘。

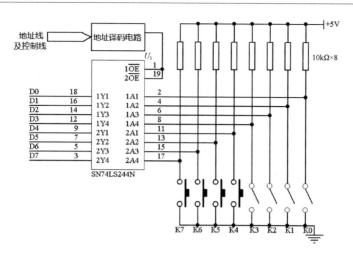

图 7.1　独立连接式键盘电路示例

7.1.2　矩阵连接式键盘

为了减少按键的输入线和简化电路，可将按键排列成矩阵式，如图 7.2 所示。在每条行线和列线的交叉处并不直接相连，而是通过一个按键来接通。采用这种矩阵结构只需 M 条行输出线和 N 条列输入线，就可以连接 $M \times N$ 个按键。按照一个字节的输出和输入线，最多可以连接 8×8 个按键，为简便起见，图 7.2 仅画出了 4×4 个按键。

矩阵式键盘的按键状态可由键盘扫描程序的行输出和列输入来识别。以图 7.2 所示的 4×4 键盘为例，其工作过程说明如下。

(1) 输出 0000 到 4 根行线，再输入 4 根列线的状态。如果列输入为 1111，则无一键被按下；否则有键被按下。在这一步只能判断出哪个列上有键被按下，不能识别具体是哪个键被按下。假设 K15 被按下，若行 0～行 3 输出为 0000，列 0～列 3 输入为 1110，只能判断列 3 上有键被按下，但无法识别列 3 上的哪个键被按下。这一步通常称为键扫描。

(2) 在确定了有键被按下后，接下来就是要确定哪个键被按下。为此采用行扫描法，即逐行输出行扫描信号 0，再根据输入的列线状态，判定哪个键被按下。这一步通常称为键识别。

行扫描过程如下：首先行 0～行 3 输出 0111，扫描行 0，此时输入列 0～列 3 的状态为 1111，表示被按键不在行 0；第二次行 0～行 3 输出 1011，扫描行 1，输入列 0～列 3 的状态仍为 1111；第三次行 0～行 3 输出 1101，扫描行 2，输入列 0～列 3 的状态仍为 1111；第四次行 0～行 3 输出 1110，扫描行 3，输入列 0～列 3 的状态为 1110，表示被按键在行 3 列 3 上，即按键 K15 被按下。

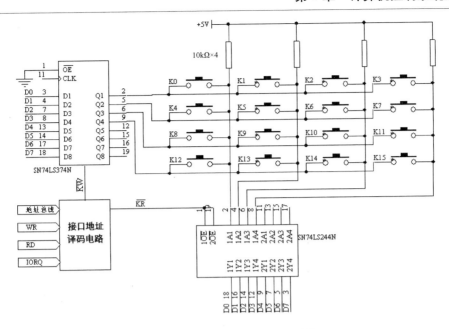

图 7.2　矩阵连接式键盘电路示例

(3) 确定被按键后，再根据该键的功能进行相应的处理，这一步通常称为键处理。

为了消除按键抖动干扰，可采用软件延时法来消除。在键盘扫描周期，每行重复扫描 n 次，如果 n 次的列输入状态相同，则表示按键已稳定。

7.1.3　二进制编码键盘

二进制编码键盘是编码键盘的一种，其按键状态对应二进制数。二进制编码键盘可以通过优先级编码器来完成。具体可查阅参考文献。

7.1.4　智能式键盘

智能式键盘的特点是：在键盘的内部装有专门的微处理器如 Intel 8048 等，由这些微处理器来完成键盘开关矩阵的扫描、键盘扫描值的读取和键盘扫描值的发送。这样，键盘作为一个独立的输入设备就可以和主机脱离，仅仅依靠传输线(一般采用 5 芯电缆)和主机进行通信。下面以微机系统中增强型 101 键的扩展键盘为例，介绍智能式键盘的结构及键盘扫描的发送。

(1) 增强型扩展键盘的结构。增强型 101 键的扩展键盘被广泛应用于各种微机系统中，成为目前键盘的主流。它的按键开关均为无触电式的电容开关，属于非编码式键盘。即不是由硬件电路直接输出按键的码，而是通过固化在单片机内的键盘扫描程序(用行列扫描法)

来周期性地扫描键盘开关矩阵，识别出按键的位置，然后向系统的键盘接口电路发送该键的扫描码。

(2) 键盘扫描码的发送。对智能式键盘来说，键盘内部的单片机根据按键的位置向主机接口发送的只是该按键位置对应的键扫描码。当键按下时，输出的数据成为接通扫描码；当键松开时，输出的数据成为断开扫描码。

不同的键盘结构，其按键的接通扫描码和断开扫描码的格式是不同的。当用户对键盘操作时，按下某键又松开，则单片机线发送该键的接通扫描码，然后发送该键的断开扫描码。如对 J 键，则先发送 3BH，然后发送 F0H(断开扫描码的前缀字节)。单片机发送的扫描码是从 DATA OUT 端输出到 5 芯插头的第 2 脚，并由 CLOCK OUT 端输出为同步时钟信号，此信号送到 5 芯插头的第 1 脚。安装在主板上的键盘接口电路即可按照这两个脚的信号同步串行接收数据。需要注意是，这两个脚上的信号还可以来自主机，分别通过 REO IN 和 DATA IN 进入单片机，它们起到的作用主要是控制主机和键盘之间的通信。当键盘准备好发送数据时，它首先检查 1 脚与 2 脚上的信号。如果 1 脚为低，即禁止传送，这时单片机就把数据送到键盘缓冲区内。这是一个先进先出的缓冲区，在单片机内，最多可存储 20 个字节数据。如果 1 脚为高但 2 脚为低，说明主机要向键盘发送数据，则单片机也要把数据存入键盘缓冲区，准备接收来自主机的数据。这些数据都是一些命令信息，包括复位、重新发送、启动、拍发速率、默认位、空操作等。只有在 1 脚和 2 脚均为高电平时，单片机才能发送数据。

5 芯插头的第 4 脚和第 5 脚分别来自主机的地线和+5V 电源线,而第 3 脚为复位信号(有的键盘此引脚为空)。

7.2 显示与打印接口

在计算机系统中，显示器是人机信息交互的主要窗口，键盘输入的指令、程序和运算结果等都要通过它来显示。在实际工业控制计算机系统中，一般需要将计算机采集或处理中的信息动态地显示出来。常用的显示技术有指示灯方式、LED 方式、LCD(液晶显示)方式、模拟屏显示方式、图文显示方式及最近发展起来的新型薄膜晶体管 TFT 显示方式等。

7.2.1 图形显示方式

常用的图形显示器有两种——CRT 显示器和平面显示器。CRT 显示方式是目前在工业控制计算机系统应用最多、技术最成熟的图形显示技术。它由一个图形监视器和相应的控制电路组成，在工业计算机中，最常用的方式是插入一块 TVGA 图形控制卡来实现很强的图形显示功能。其特点是技术成熟、支持软件丰富、价格低廉，可以满足大部分工业控制现场的一般性需要。

当用户要求显示系统的分辨率很高，或者要求显示速度很快时，一般的 VGA/TVGA 卡就不能满足需要了。这时应采用高性能的智能图形控制卡，加上高分辨率的显示器来实现。

智能图形控制卡含有图形显示控制器 GDC，它不同于 VGA/TVGA 用软件作图，而是接受处理机送来的图形命令并利用硬件完成作图任务。它具有丰富的画图命令，如点、线、矩形、多边形、圆、弧，以及区域填充、复制、裁剪等操作。画图命令可直接使用 XY 坐标，画线、画图、填充的速度也大为提高，并具有窗口功能等。智能图形控制卡一般可直接插入 PC 扩展槽中使用。

工业的智能图形终端一般设计指标很高，所以可以适应恶劣的工作环境。它本身是一个完整的计算机系统，带有自己的系统处理器、高性能的智能图形控制器和存储器，可以直接接受作图命令。它具有功能齐全的图形编辑功能，采用硬件作图方式，所以作图速度快，但终端与主机系统的接口是串口通信方式，通信速率低，限制了其性能的进一步发挥。由于智能图形终端的价格较高，一般用于专业的应用场合。

CRT 显示技术是目前使用最广泛的一种显示技术，监视器的尺寸可大可小，一般由用户根据需要进行选择，尺寸为 14～28in(1in=2.54cm)。由于工业 PC 具有兼容性，在图形电路方面，最常用的方法是在机箱插槽里插上一块 VGA/TVGA 卡来进行图形显示控制。在有特殊使用需求的情况下，可进一步采用专用的智能图形控制卡或专用图形终端设备。与其他显示方式相比，CRT 显示技术有如下优点。

(1) 屏幕显示尺寸大；

(2) 图像分辨率高(分辨率一般达到 1024 像素×1024 像素，最高可达 2000 像素×2000 像素)；

(3) 显示颜色丰富、逼真(基色 256 种，可扩展至 5600 种组合或更多)；

(4) 显示和刷新速度快；

(5) 图形清晰且亮度高；

(6) 允许工作温度范围广(−10～+19℃)。

其缺点是体积与功耗较大，易受振动和冲击，容易受辐射线、磁场干扰，在恶劣工作场合须采用特殊加固和屏蔽措施。

为了克服 CRT 显示器的一些缺点，近年来，新型的工业控制机中也成功地使用了

TFT(thin film transistor，薄膜晶体管)LCD 技术，并做成了高性能的平面显示一体机型。这种显示技术具有如下的特点。

(1) 体积小巧，省电；

(2) 可靠性高，寿命长；

(3) 不易受振动、冲击和射线的干扰；

(4) 操作温度范围为 0～45℃，相对湿度范围为 20%～90%；

(5) 颜色为 256 种基色，可扩展至 25600 种组合，一般光线情况下清晰度可满足要求。

这种平面显示形终端的分辨率一般为 1024 像素×768 像素，平面尺寸一般为 3.5～14.1in。随着 TFT 技术的进一步发展，它的性价比会进一步提高，将会越来越多地被运用到工业控制计算机系统中。

7.2.2 其他数字形显示方式

对于一些专用系统，如小型的采集或控制监视系统，还会用到其他一些显示装置。常用的有 LED 八段显示器，可用来显示数字，其中的七段构成一个"8"字形，通过点亮不同的字段来表示不同的数字，另一段用于表示小数点。这样，用多个八段显示器就可以实现多个数字组合；显示的颜色有红、黄、绿等，并可选择。这种器件目前已形成系统化，具有体积小、可靠性高、亮度清晰等特点，并得到广泛应用。

液晶显示器是利用晶体分子受电场作用而影响照射在其上面的光线的散射方向，易形成各种图形或数字的原理制成的一种显示器件，其优点是工作电压和功耗低，结构简单。其最大缺点是显示清晰度和对比度与视角关系很大，在强光下显示亮度不够。

此外，还有利用 LED、指示灯和其他附属装置构成的大屏幕模拟显示等显示手段可供使用。

7.2.3 打印机等接口

打印机是计算机系统中最常用的输出设备之一。打印机的种类很多，以它与计算机的连接方式来分，有并行接口打印机和串行接口打印机两种；从它的打印原理来分，有点阵式打印机、喷墨式打印机、激光式打印机、热敏式打印机、墨点式打印机、液晶快门式打印机和磁式打印机等七种；从打印的色彩分，有单色、双色、彩色打印机三种。在工业控制系统中已广泛采用了各种型号的打印机。除了打印生产过程中的各种记录数据和汇总报表供分析、保存之外，打印机相当重要的作用是用于打印事故追忆信息。当发生报警时，也需要同时启动打印机，将报警信息打印出来供操作人员作事故分析用。

　　目前，市场上可供选用的打印机品种很多。价格贵的高档彩色打印输出设备，可打印出颜色鲜艳、像素均匀的各种复杂图像。点阵式打印机的价格一般较低，缺点是打印质量欠佳，噪声大；喷墨式打印机靠喷墨技术产生字符和图像，打印质量高，工作噪声低；激光式打印机的打印质量更高，成本也稍高；液晶快门式打印机的图像精度最高，是目前最先进的打印机。

7.3　其他人机接口

　　在计算机使用过程中，输入接口技术具有特殊的地位，因为操作者需要向计算机输入各种数据和操作命令，包括各种字符、数字和汉字。随着输入方式的不断改进，对使用者的便利程度也不断得到提高，推动了计算机的不断普及使用。可以毫不夸张地说，正是输入技术的进步，特别是汉字输入技术的提高，才使我国的计算机使用得到了空前的推广。可见输入技术在人机联系中的重要性，因此这方面的技术投入量很大，已有多种实用的输入手段投入市场，比较常用的有键盘输入、光笔输入、光学字符扫描输入、声音识别输入和图像数字化输入方式，以及各种触摸屏方式和鼠标点入方式等。

　　在工业控制计算机系统中，由于操作对象不同，最常用的输入方式还是以键盘、鼠标(轨迹球)和大有前途的触摸屏方式为主。键盘前面已经介绍过，现着重介绍鼠标和触摸屏。

7.3.1　鼠标

　　鼠标是应用较广泛的输入设备。它有机械式、半光电式、光电式之分，操作简单、方便。在图形输入、操作项目选择方面，它比键盘输入有着明显的快捷性和直观性，特别是在 Windows 操作系统下的应用软件，几乎都需要使用鼠标作为输入工具。因此，鼠标已成为与键盘并用的基本输入手段。在工业控制计算机系统中，鼠标目前也已广泛使用。在过程检测报警、动态流程监测、画面显示、故障追踪等方面，使用鼠标作为人机交互工具最为方便。使用鼠标要占用一个串行口，并且需要有专门的驱动程序事先运行之后才能正常使用。

7.3.2　触摸屏

　　触摸屏输入技术是近年来发展起来的一种新技术。它是用户利用手指或其他介质直接与屏幕接触，进行相应的信息选择，并向计算机输入信息的一种输入设备。目前的主要产品可分为监视器与触摸屏一体式和分离式两种类型。系统由触摸检测装置和触摸屏控制卡两部分组成。触摸控制卡上有自己的 CPU 及固化的监控程序，它将触摸检测装置送来的位置信息转换成相关的坐标信息，并传送给计算机，然后接收和执行计算机的指令。

从工作原理来分，触摸屏有五类产品。

1）电阻式触摸屏

触摸屏表面是一层胶，底层是玻璃，当中是两片导体，导体之间填满绝缘物。当电阻式触摸屏受到触碰时，其间的绝缘物被压力推开而导电。由于触碰点的电阻值发生了变化，使感测信号的电压值也随之变化，并将电压值转换成接触点的坐标值，使计算机能根据坐标来确定用户输入的信息是何种信息。这类触摸屏的优点是承受环境干扰能力强，缺点是透光性和手感较差。

2）电容式触摸屏

它是在一片玻璃表面贴上一层透明的特殊金属导电物质，当有导体触碰时就改变了四周的电容值，从而检测出触摸点的位置。这种触摸屏要求触碰介质必须是导电物质。由于电容量会随着接地、绝缘率的变化而变化，所以这类触摸屏的稳定性较差。

3）红外线式触摸屏

这类触摸屏的外框四周是红外线发射的接收感测元件，形成一个小型红外线探测网。任何物体伸入网区内，都将使接触点的红外线特性发生改变，从而探测出触点的位置。这种触摸屏的响应速度快，不易受电流、电压、静电的干扰，比较适合在某些恶劣的环境中使用。但它要求使用时尽可能使触摸介质与触摸屏保持垂直，否则容易引起误判和误操作。

4）表面声波式触摸屏

它由计算机监视器发送一种高频声波跨越触摸屏表面，当手指触及屏幕时，屏幕表面上特定区域内的声波被阻止引起声波衰减而确定点坐标。这类装置的缺点是对气候变化十分敏感。

5）遥控力感式触摸屏

这类触摸屏由两块平行板和平行板间的多个传感器组成。传感器是由两片平行片组成的电容器。当屏幕上某位置被触摸时，传感器之间的距离会发生变化，从而引起平行片电容的变化，由电容量的变化值进而确定触点的坐标值。遥控力感式触摸屏是最新的成果之一，它对触摸介质和环境因素均无限制，是一种较理想的方式，但目前的造价较高。

目前，国外在触摸屏方面发展较快，并已渗透到工业控制的各个领域。

与传统的计算机输入技术相比，使用触摸屏对操作人员不需要进行任何培训，并有如下特点。

(1) 人机界面友好。

在图形技术的支持下，可以设计出非常漂亮的触摸屏画面。与现在工业控制系统中广泛使用的标准键盘和触摸式键盘相比，触摸屏能根据操作人员输入的不同信息，变换不同的控制信息界面，使人机对话更加明了和直接，更容易被操作人员，尤其是未经培训的使用者所接受。

(2) 简化信息输入设备。

目前在生产配料、生产流程控制方面大多使用键盘和控制台作为人机对话的工具，使用触摸屏可以简化信息输入设备。一个庞大的工业控制台，经过适当的改造以后，仅用一台触摸屏即可代替。

(3) 便于系统维护和改造。

对传统的计算机控制台方式来说，如需对系统进行某些功能方面的改造，也需同时改造控制台。然而触摸屏只需根据系统的改变进行相应的界面调整即可。此外，触摸屏采用标准的接口，维护也很方便。

目前，触摸屏在可靠性方面还有待进一步改进，因此，现在还难以在气候条件恶劣的环境下使用，还只能在环境条件相对稳定的控制室或办公室环境中使用。另外，现今的触摸还难以做到像标准键盘那样的定位输入，所以也不适合于用作精细绘图程序的输入设备。但目前触摸屏在美观、实用、操作简单方面的优势已十分明显，反应速度也能满足要求。此外，触摸屏在简化控制设备方面的潜力也很大，随着触摸屏的技术及其制造工艺的不断进步，相信它们的可靠性将会得到迅速的提高，从而进一步推动触摸屏在工业控制领域中的普及应用。

第8章 机电控制系统中的电动机

电动机俗称"马达",是指依据电磁感应定律实现电能转换或传递的一种电磁装置。电动机在电路中的主要作用是产生驱动转矩,作为电器或各种机械的动力源。通过丝杠与滑块组合,电动机可以将转动转换为各种形式的平动,是机电控制系统中的重要执行机构。对电动机的认识和了解,是设计机电控制系统的重要环节。步进电动机和伺服电动机是两类重要的控制电动机,广泛应用于工业控制和机电控制。本章主要介绍步进电动机和伺服电动机及其在机电控制系统中的作用。

8.1 电动机分类概述

电动机可从不同的方面分类。

(1) 按工作电源种类划分为直流电动机和交流电动机。

直流电动机按结构及工作原理可划分为无刷直流电动机和有刷直流电动机。

有刷直流电动机可划分为电磁直流电动机和永磁直流电动机。

电磁直流电动机可划分为串励直流电动机、并励直流电动机、他励直流电动机和复励直流电动机。

永磁直流电动机可划分为稀土永磁直流电动机、铁氧体永磁直流电动机和铝镍钴永磁直流电动机。

交流电动机可划分为单相电动机和三相电动机。

(2) 按结构和工作原理可划分为直流电动机、异步电动机、同步电动机。

同步电动机可划分为永磁同步电动机、磁阻同步电动机和磁滞同步电动机。

异步电动机可划分为感应电动机和交流换向器电动机。

感应电动机可划分为三相异步电动机、单相异步电动机和罩极异步电动机等。

交流换向器电动机可划分为单相串励电动机、交直流两用电动机和推斥电动机。

(3) 按启动与运行方式可划分为电容启动式单相异步电动机、电容运转式单相异步电动机、电容启动运转式单相异步电动机和分相式单相异步电动机。

(4) 按用途可划分为驱动用电动机和控制用电动机。

驱动用电动机可划分为电动工具(包括钻孔、抛光、磨光、开槽、切割、扩孔等工具)

用电动机、家电(包括洗衣机、电风扇、电冰箱、空调器、录音机、录像机、影碟机、吸尘器、照相机、电吹风、电动剃须刀等)用电动机及其他通用小型机械设备(包括各种小型机床、小型机械、医疗器械、电子仪器等)用电动机。

控制用电动机又划分为步进电动机和伺服电动机等。

(5)　按转子的结构可划分为笼型感应电动机(旧标准称为鼠笼型异步电动机)和绕线转子感应电动机(旧标准称为绕线型异步电动机)。

(6)　按运转速度可划分为高速电动机、低速电动机、恒速电动机、调速电动机。

低速电动机又分为齿轮减速电动机、电磁减速电动机、力矩电动机和爪极同步电动机等。

调速电动机除可分为有级恒速电动机、无级恒速电动机、有级变速电动机和无级变速电动机外，还可分为电磁调速电动机、直流调速电动机、PWM 变频调速电动机和开关磁阻调速电动机。

从上面的各种分类来看，步进电动机和伺服电动机是机电控制系统设计的主要关联者，本章重点关注这两类电动机。

8.2　步进电动机

步进电动机是一种把电脉冲信号转换成机械角位移的控制电动机，常作为数字控制系统中的执行元件。任何一个介绍机电控制系统的文献都不能避开步进电动机。步进电动机由转子、定子、线圈、轴承和转轴组成，如图 8.1、图 8.2 所示。鉴于其工作原理的特质，步进电动机在开环机电控制系统中被广泛使用。

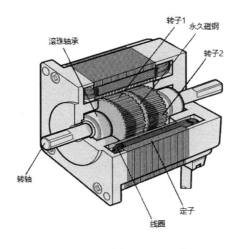

图 8.1　步进电动机的组成

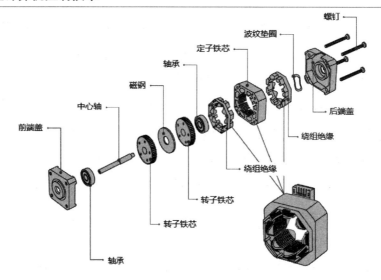

图 8.2　步进电动机爆炸图

8.2.1　结构与分类

步进电动机主要由两部分构成：定子和转子，它们均由磁性材料构成，定子上有定子绕组。以三相为例，定子和转子上分别有六个磁极和四个磁极，如图 8.3 所示。定子的六个磁极上有控制绕组，两个相对的磁极组成一相，如图 8.4 所示。这里的相和三相交流电中的"相"的概念不同。步进电动机通的是直流电脉冲，它的相主要是指线路连接组数。

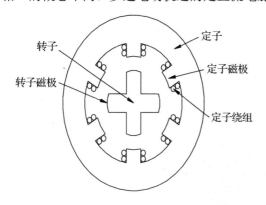

图 8.3　步进电动机的定子、转子和磁极

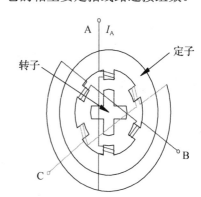

图 8.4　三相步进电动机磁极与绕组示意图

步进电动机从其结构形式上可分为反应式步进(variable reluctance，VR)电动机、永磁式步进(permanent magnet，PM)电动机、混合式步进(hybrid stepping，HS)电动机、单相步进电动机、平面步进电动机等多种类型。我国所采用的步进电动机中以反应式步进电动机为主。

反应式步进电动机的定子上有绕组，转子由软磁材料组成。其特点是结构简单、成本低、步距角小，可达 1.2°；但动态性能差、效率低、发热大，可靠性难保证。

永磁式步进电动机的转子用永磁材料制成，转子的极数与定子的极数相同。其特点是动态性能好、输出力矩大；但这种电动机精度差，步矩角大(一般为 7.5°或 15°)。

混合式步进电动机综合了反应式和永磁式的优点，其定子上有多相绕组，转子上采用永磁材料，转子和定子上均有多个小齿以提高步矩精度。其特点是输出力矩大、动态性能好，步距角小；但结构复杂、成本相对较高。

按定子上绕组来分，可分二相、三相和五相等系列。其中两相混合式步进电动机最受市场欢迎，约占 97%以上的市场份额。该类电动机其性价比高，配上细分驱动器后效果良好。该种电动机的基本步距角为 1.8°/步，配上半步驱动器后，步距角减少为 0.9°，配上细分驱动器后其步距角可细分达 256 倍(0.007°/微步)(实际使用中，因摩擦力和制造精度等原因，精度略低)。同一步进电动机可配不同细分的驱动器以改变精度和效果。

8.2.2　工作原理与基本指标

步进电动机是一种把电脉冲转换成角位移的电动机。它用专用的驱动电源向步进电动机供给一系列且有一定规律的电脉冲信号。每输入一个电脉冲，步进电动机就前进一步，其角位移与脉冲数成正比，电动机转速与脉冲频率成正比，而且转速和转向与各相绕组的通电方式有关，所以又称脉冲电动机。

以三相六拍反应式步进电动机为例，图 8.5 所示为步进电动机的工作原理。电动机定子上有三对磁极，每对磁极上绕有一相控制绕组，转子有四个分布均匀的齿，齿上没有绕组。

当 A 相控制绕组通电，B 相和 C 相不通电时，步进电动机的气隙磁场与 A 相绕组轴线重合，而磁力线总是力图从磁阻最小的路径通过，故电动机转子受到一个反应转矩，在步进电动机中称之为静转矩。在此转矩的作用下，转子的齿 1 和齿 3 旋转到与 A 相绕组轴线相同的位置上，如图 8.5(a)所示，此时整个磁路的磁阻最小，转子只受到径向力的作用而反应转矩为零。如果 B 相通电，A 相和 C 相断电，转子受电磁(亦称反应转矩)反应而转动，使转子齿 2 和齿 4 与定子极 B、B′对齐，如图 8.5(b)所示，此时，转子在空间上逆时针转过的空间角 q 为 30°，即前进了一步，转过的这个角叫作步距角。同样，如果 C 相通电，A 相 B 相断电，转子又逆时针转动一个步距角，使转子的齿 1 和齿 3 与定子极 C、C′对齐，如图 8.5(c)所示。如此按 A→B→C→A 顺序不断地接通和断开控制绕组，电动机便按一定的方向一步一步地转动；若按 A→C→B→A 顺序通电，则电动机反向一步一步转动。

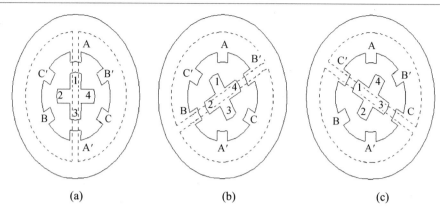

图 8.5　三相反应式步进电动机的工作原理图

在步进电动机中，控制绕组每改变一次通电方式，称为一拍，每一拍转子就转过一个步距角，上述的运行方式每次只有一个绕组单独通电，控制绕组每换接三次构成一个循环，故这种方式称为三相单三拍。若按 A→AB→B→BC→C→CA→A 顺序通电，每次循环需换接 6 次，故称为三相六拍，因单相通电和两相通电轮流进行，故又称为三相单、双六拍。

三相单、双六拍运行时步距角与三相单三拍不一样。当 A 相通电时，转子齿 1、齿 3 和定子磁极 A、A′对齐，与三相单三拍一样，如图 8.6(a)所示。当控制绕组 A 相、B 相同时通电时，转子齿 2、齿 4 受到反应转矩使转子逆时针方向转动，转子逆时针转动后，转子齿 1、齿 3 与定子磁极 A、A′轴线不再重合，从而转子齿 1、齿 3 也受到一个顺时针的反应转矩；当这两个方向相反的转矩大小相等时，电动机转子停止转动，如图 8.6(b)所示。当 A 相控制绕组断电而只由 B 相控制绕组通电时，转子又转过一个角度，使转子齿 2、齿 4 和定子磁极 B、B′对齐，如图 8.6(c)所示，即三相六拍运行方式两拍转过的角度刚好与三相单三拍运行方式一拍转过的角度一样，也就是说，三相六拍运行方式的步距角是三相单三拍的一半，即为 15°。接下来的通电顺序为 BC→C→CA→A，运行原理与步距角与前半段 A→AB→B 一样，即通电方式每变换一次，转子继续按逆时针转过一个步距角(θ_s=15°)。如果改变通电顺序，按 A→AC→C→CB→B→BA→A 顺序通电，则步进电动机顺时针一步一步转动，步距角 θ_s 也是 15°。

步进电动机的技术指标分为静态和动态。

(1) 静态指标主要包括相数、拍数、步距角、定位转矩和静转矩等。

① 相数。产生不同对极 N、S 磁场的激磁线圈对数。常用 m 表示。

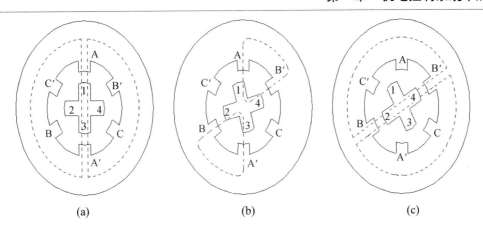

图 8.6　步进电动机的三相单、双六拍运行方式

② 拍数。完成一个磁场周期性变化所需脉冲数或导电状态，用 n 表示，或指电动机转过一个齿距角所需脉冲数。以四相电动机为例，有四相四拍运行方式，即 AB→BC→CD→DA→AB，四相八拍运行方式，即 A→AB→B→BC→C→CD→D→DA→A。

③ 步距角。对应一个脉冲信号，电动机转子转过的角位移用 θ 表示：$\theta=360°/($转子齿数×运行拍数$)$。以常规二、四相，转子齿为 50 齿电动机为例，四拍运行时步距角为 $\theta=360°/(50×4)=1.8°$（俗称整步），八拍运行时步距角为 $\theta=360°/(50×8)=0.9°$（俗称半步）。

④ 定位转矩。指电动机在不通电状态下，电动机转子自身的锁定力矩(由磁场齿形的谐波以及机械误差造成的)。

⑤ 静转矩。指电动机在额定静态电压作用下，电动机不作旋转运动时，电动机转轴的锁定力矩。此力矩是衡量电动机体积的标准，与驱动电压及驱动电源等无关。虽然静转矩与电磁激磁安匝数成正比，与定齿转子间的气隙有关，但过分采用减小气隙、增加激磁安匝数来提高静力矩是不可取的，这样会造成电动机的发热及机械噪声。

(2) 动态指标有步距角精度、失步、失调角、最大空载启动频率、最大空载的运行频率、运行矩频特性、电动机的共振点及电动机正反转控制。

① 步距角精度。指步进电动机每转过一个步距角的实际值与理论值的误差。用百分比表示为：误差/步距角×100%。不同运行拍数其值不同，四拍运行时应在 5%之内，八拍运行时应在 15%以内。

② 失步。指电动机运转时运转的步数不等于理论上的步数。

③ 失调角。指转子齿轴线偏移定子齿轴线的角度。电动机运转必存在失调角，由失调角产生的误差采用细分驱动是不能解决的。

④ 最大空载启动频率。指电动机在某种驱动形式、电压及额定电流下，在不加负载的

情况下，能够直接启动的最大频率。

⑤ 最大空载的运行频率。指电动机在某种驱动形式、电压及额定电流下，不带负载的最高转速频率。

⑥ 运行矩频特性。电动机在某种测试条件下测得运行中输出力矩与频率关系的曲线称为运行矩频特性，这是电动机诸多动态曲线中最重要的，也是电动机选择的根本依据。

⑦ 电动机的共振点。步进电动机均有固定的共振区域，双相、四相感应式的共振区一般为 180～250pps(步距角为 1.8°)或在 400pps 左右(步距角为 0.9°)，电动机驱动电压越高，电流越大，负载越轻，体积越小，则共振区越向上偏移；反之亦然。为使电动机输出电矩大、不失步和整个系统的噪声降低，一般工作点均应较多地偏移共振区。

⑧ 电动机正反转控制。当电动机绕组通电时序为 AB→BC→CD→DA 时，为正转；通电时序为 DA→CD→BC→AB 时，为反转。

其他特性还有惯频特性、起动频率特性等。电动机一旦选定，则电动机的静力矩确定，而动态力矩却不然。电动机的动态力矩取决于电动机运行时的平均电流(而非静态电流)，平均电流越大，电动机输出力矩越大，电动机的频率特性越硬。要使平均电流大，应尽可能提高驱动电压，并采用小电感大电流的电动机，这里不赘述。

8.2.3　步进电动机的控制特征

步进电动机是一种把电脉冲信号转换成机械角位移的控制电动机，常作为数字控制系统中的执行元件。步进电动机能直接受数字量的控制，特别适宜采用微机进行控制，既可用于开环系统又可用于闭环系统。相对于其他控制用途电动机的最大区别是，它接收数字控制信号(电脉冲信号)，并转化成与之相对应的角位移或直线位移，其本身就是一个完成数字模式转化的执行元件。步进电动机的输入量是脉冲序列，输出量则为相应的增量位移或步进运动。正常运动情况下，它每转一周具有固定的步数；做连续步进运动时，其旋转速度与输入脉冲的频率保持严格的对应关系。在不超载的情况下，电动机的转速、停止的位置只取决于脉冲信号的频率和脉冲数，而不受电压波动和负载变化的影响。在用作开环位置控制时，输入一个脉冲信号就得到一个规定的位置增量，如图 8.7 所示。这样的增量位置控制系统成本低，几乎不必进行系统调整。

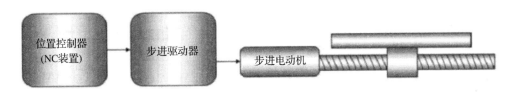

图 8.7　步进电动机组成的开环控制系统

步进电动机的角位移量与输入的脉冲个数严格成正比，而且在时间上与脉冲同步。根据输入的脉冲数量和频率，就能计算出电动机的角位移和角速度，如图 8.8 所示。因此，只要控制脉冲的数量、频率和电动机绕组的相序，即可获得所需的转角、速度和方向。

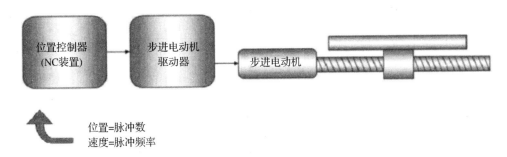

位置=脉冲数
速度=脉冲频率

图 8.8　步进电动机的位置与速度的关系

作为一种控制用的特种电动机，步进电动机无法直接接到直流或交流电源上工作，必须使用专用的驱动电源——步进电动机驱动器(简称步进驱动器)，这是为步进电动机分时供电的多相时序控制器。目前步进电动机驱动器的种类繁多，选择合适的驱动器对于步进电动机十分重要。表 8.1 列出了常见步进电动机驱动器芯片。

表 8.1　常见步进电动机驱动器芯片

名　　称	V_{max}	I_{max}	细　　分	封　　装
THB6128	35	2	1/2/4/8/16/32/64/128	TSSOP
A3977	35	2.5	1/2/4/8	TSSOP/PLCC
A3979	35	2.5	1/2/4/16	TSSOP
A3980	50	1	1/2/8/16	TSSOP
A3982	35	2	1/2	TSSOP
A3983	35	2	1/2/4/8	TSSOP
A3984	35	2	1/2/4/8	TSSOP
A3987	50	1.5	1/2/4/16	TSSOP
L6228	52	2.8	1/2	SO
L6208	52	5.6	1/2	SO

续表

名　称	V_{max}	I_{max}	细　分	封　装
THB6064H	50	4.5	2/8/10/16/20/32/40/64	HZIP
TB6560	40	3.5	1/2/4/8	HZIP
TA8345	40	2.5	1/2/4/8	HZIP
THB6016H	40	3.5	1/16	HZIP

关于步进电动机的驱动，还要了解一些其他要素。结合步进电动机的本征特征，这里再强调一下选择步进电动机驱动器时，应该遵循以下几个原则。

(1) 根据步进电动机的额定电流选择适合的驱动器。任何一款步进电动机都有自己的额定电流，选择与之配套的驱动器的最大电流不能低于电动机的额定电流。许多步进电动机驱动器都有电流细分的功能，也就是可以根据不同电动机的额定电流设定驱动器的电流，同一款驱动器可以配不同电流的电动机，只要电动机的额定电流小于驱动器调到最大时的电流，就可以采用，否则会有电动机被烧的可能。

(2) 根据需要的步距角的大小来选择驱动器。市面上的步进电动机普遍是 1.8°、1.2°以及 0.72°的步距角，但是由于客户对电动机的精度要求越来越高，步距角也有了不同的需求。为了满足客户的需求，电动机厂家通过驱动器的细分来达到电动机的细分。可以根据自己的需求选择不同细分的驱动器。

(3) 根据电源提供的交直流电压选择驱动器。电压有交流电压和直流电压之分，步进电动机驱动器有个额定电压，选择驱动器时，要选择额定电压是电源可提供的电压范围内的电动机驱动器。如果选择的驱动器的额定电压过低，电源提供给驱动器的电压高于驱动器的额定电压，就容易将驱动器烧坏。

(4) 根据步进电动机运行时要达到的扭矩、速度等来选择驱动器。

8.2.4　单片机控制步进电动机

单片机实现的步进电动机控制系统具有成本低、使用灵活的特点，广泛应用于数控机床、机器人、家电以及各种可控的有定位要求的机械工具等应用领域。本节介绍一个单片机控制步进电动机的例子。

由于单片机的 I/O 口电流较小，一般无法直接驱动步进电动机，因此需要置入驱动器，如图 8.9 所示。本例采用 ULN2003 驱动芯片。ULN2003 工作电压高，工作电流大，最大电流可达 500mA，并且能够在关状态时承受 50V 的电压，输出还可以在高负载电流状态下并行运行。只需其基本工作模式的 8 个步序向 P1 口发送数据，通过 ULN2003 的驱动，即可实现步进电动机按 1~2 相励磁法正转运行。

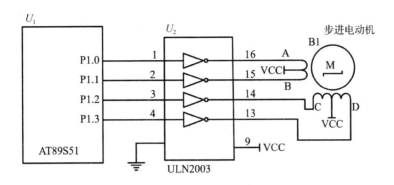

图 8.9　单片机控制步进电动机原理图(基于 ULN2003 驱动)

为了实现步进电动机的正反转，在单片机 P3.7 口增加了一个开关进行控制。当开关闭合时，步进电动机正转运行；当开关断开时，步进电动机反转运行。此处采用 1 相励磁法。步进电动机正反转控制电路如图 8.10 所示。

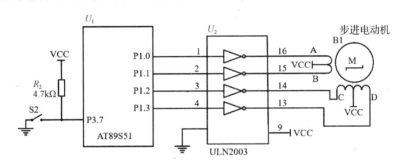

图 8.10　步进电动机正反转控制电路原理图

8.3　伺服电动机

伺服电动机(servo motor)又称执行电动机，是另一类作为执行元件在 CCS 中广泛使用的电动机。它将输入的电压信号转变为转轴的转矩和转速以驱使控制对象运动。改变输入信号的大小和极性可以改变伺服电动机的转速与转向，故输入的电压信号又称为控制信号或控制电压。当信号电压为零时无自转现象，转速随着转矩的增加而匀速下降。

伺服电动机可把接收到的电信号转换成电动机轴上的角位移或角速度输出，其转子转速受输入信号控制且反应快，可使控制速度、位置非常准确，精度高。根据使用电源的不同，伺服电动机分为直流伺服电动机和交流伺服电动机两大类。直流伺服电动机输出功率较大，功率范围为 1~600W，有的甚至可达上千瓦；而交流伺服电动机输出功率较小，功率范围一般为 0.1～100W。

8.3.1　伺服电动机的分类及特点

伺服电动机分为直流与交流两大类，直流电动机又分为有刷与无刷两类；交流电动机可分为异步与同步两类。按照有刷和无刷，伺服电动机还可以按照图 8.11 进行分类。

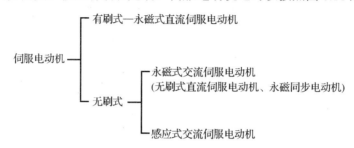

图 8.11　伺服电动机的分类

(1)　有刷电动机成本低，结构简单，启动转矩大，调速范围宽，控制容易，需要维护，但维护不方便(换碳刷)，易产生电磁干扰，对环境有要求。因此它可以用于对成本敏感的普通工业和民用场合。

(2)　无刷电动机体积小，质量轻，功率大，响应快，速度高，惯量小，转动平滑，力矩稳定。控制复杂，容易实现智能化，其电子换相方式灵活，可以方波换相或正弦波换相。电动机免维护，效率很高，运行温度低，电磁辐射很小，长寿命，可用于各种环境。

直流伺服电动机的输出转速与输入电压成正比，并能实现正反向速度控制。其机电时间常数一般大约在十几毫秒到几十毫秒之间。而某些低惯量直流伺服电动机(如空心杯转子型、有刷绕组型、无槽型)的时间常数仅为几毫秒到 20ms。

直流有刷伺服电动机的特点如下。

① 体积小，动作快反应快，过载能力大，调速范围宽，机械特性和调节特性的线性度好，控制方便；

② 低速力矩大，波动小，运行平稳；

③ 低噪声，高效率；

④ 后端编码器反馈(选配)；

⑤ 变压范围大，频率可调，但换向电刷的磨损和易产生火花会影响其使用寿命。

直流无刷伺服电动机具有转动惯量小，启动电压低，空载电流小的特点。采用非接触式换向系统，可使电动机转速大大提高，最高转速高达 100000r/min。无刷伺服电动机在执行伺服控制时，无须编码器也可实现速度、位置、扭矩等的控制；因为避免了电刷摩擦和换向干扰，所以不存在电刷磨损情况，除转速高之外，还具有寿命长，噪声低，无电磁干扰等特点。

小功率规格的直流伺服电动机的额定转速一般在 3000r/min 以上，有的甚至大于10000r/min。因此，一般须给它的执行对象配用高速比的减速器。低速直流伺服电动机(直流力矩伺服电动机)可在每分钟几十转的低速下长期工作，因此，可直接驱动执行对象而无须减速。

交流伺服电动机也是无刷电动机，分为同步和异步电动机两类。目前运动控制中一般都用同步电动机，其功率范围大(可以做到很大的功率)，惯量大，最高转动速度低且随着功率增大转速快速降低，适合做低速平稳运行的应用。

与无刷直流伺服电动机相比，交流伺服电动机在功能上要好一些。这是因为交流伺服电动机是正弦波控制、转矩脉动小，而直流伺服是梯形波、转矩脉动较大一些。但直流伺服比较简单、便宜。

打开一个伺服电动机，如图 8.12 所示。它主要由定子、磁体转子、轴、法兰读数头、码盘和轴承组成，如图 8.13 和图 8.14 所示。其中码盘也称为编码器，是一个重要的器件，它是安装在伺服电动机上用来测量磁极位置和伺服电动机转角及转速的一种传感器。图 8.15 给出了编码器的组成。伺服电动机编码器可以分为光电编码器和磁电编码器。市场上使用的基本上是光电编码器，不过磁电编码器因质量可靠、价格便宜和抗污染等特点，逐步被技术人员喜爱。编码器的分辨率是指编码器每旋转 360° 提供多少通(或暗刻线)，也称解析分度，或直接称多少线，是衡量伺服电动机的一个指标，一般每转分度为 5~10000 线。

图 8.12　伺服电动机实物

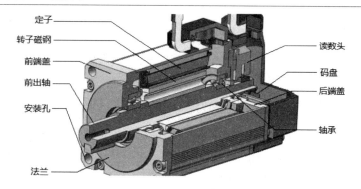

图 8.13　伺服电动机内部结构

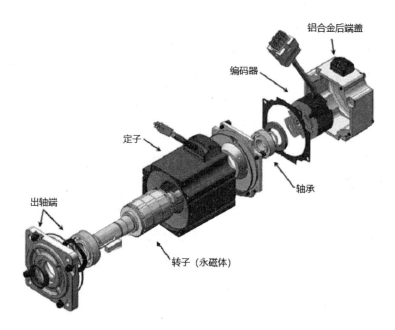

图 8.14　伺服电动机爆炸图

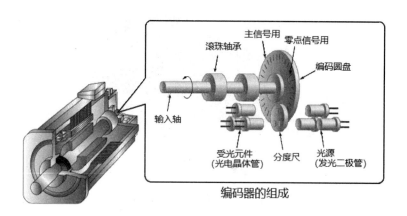

图 8.15　伺服电动机编码器细节

伺服电动机具有以下优点。

① 精度。实现了位置、速度和力矩的闭环控制；克服了步进电动机失步的问题。

② 转速。高速性能好，一般额定转速能达到 2000～3000r/min，高速可达 10000r/min。

③ 适应性。抗过载能力强，能承受三倍于额定转矩的负载，对有瞬间负载波动和要求快速启动的场合特别适用。

④ 稳定。低速运行平稳，低速运行时不会产生类似于步进电动机的步进运行现象。适用于有高速响应要求的场合。

⑤ 及时性。电动机加减速的动态响应时间短，一般在几十毫秒之内。

⑥ 舒适性。发热和噪声明显降低。

简单地说，普通的电动机断电后会因为自身的惯性再转一会儿才停下，而伺服电动机和步进电动机是断电即停，反应极快，而且伺服电动机避免了步进电动机的失步现象。因此，对精度有要求的控制系统都会采用伺服电动机，如机床、印刷设备、包装设备、纺织设备、激光加工设备、机器人、自动化生产线等对工艺精度、加工效率和工作可靠性等要求相对较高的设备。

伺服电动机的额定转速、额定转矩、最大转矩、最大电流、最高转速、转子惯量以及编码器线数是重要的考核指标。

① 额定转速是电动机输出最大连续转矩(额定转矩)、以额定功率运行时的转速。

② 额定转矩是指电动机能够连续安全输出的转矩大小，在环境温度为 25℃时，在该转矩下连续运行，电动机绕组温度和驱动器功率器件温度不会超过最高允许温度，电动机或驱动器不会损坏。

③ 最大转矩是电动机所能输出的最大转矩。在最大转矩下短时工作不会引起电动机损坏或性能不可恢复。

④ 最大电流是伺服短时间工作允许通过的最大电流，一般为额定电流的 3 倍。

⑤ 最高转速是电动机短时间工作的最高转速，最高转速电动机力矩下降，电动机发热量更大。

⑥ 转子惯量 J 是伺服电动机转子旋转惯量单位[千克·平方厘米(kg·cm^2)]。一般负载惯量最大不超过 20 倍电动机转子惯量。

⑦ 编码器线数是电动机转一圈编码器反馈到驱动器的脉冲个数，它会影响闭环步进精度。伺服常规编码器线数有 2500 线、5000 线、17 位和 23 位编码器。17 位编码器精度为 0.0027°，高于常规的步进甚至是闭环步进精度。

8.3.2　伺服电动机的工作原理

最早的伺服电动机是一般的直流电动机，用于控制精度不高的情况。因此直流伺服电动机的结构基本与一般直流电动机的结构一样，包括定子、转子铁芯、电动机转轴、伺服绕组换向器、伺服绕组、测速绕组、测速换向器等，其中转子铁芯由矽钢冲片叠压固定在电动机转轴上构成。电动机内的绕组分为定子绕组和转子绕组，是通电后可以产生磁场的线圈。伺服电动机定子上有励磁绕组和控制绕组，转子铁芯及其外围的线圈绕组称为电枢。目前的直流伺服电动机在结构上与小功率的直流电动机一样，只是为了减小转动惯量而做得细长一些。

有刷式伺服电动机或永磁式直流伺服电动机如图 8.16 所示，其永久磁铁在外，会发热的电枢线圈(armature winding)在内。这类电动机散热较为困难，降低了功率体积比，当应用于直接驱动(direct-drive)系统时，会因热传导差而造成传动轴(如导螺杆)的热变形。这类电动机较少用于直接驱动。

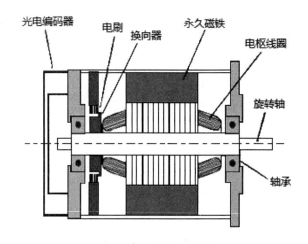

图 8.16　永磁式直流伺服电动机结构示意图

一般无刷式伺服电动机(直流或者交流)，不论是永磁式(磁场是永久磁铁产生的)或感应式(通过电磁感应生成的磁场)，其造成旋转磁场的电枢线圈均置于电动机的外层，如图 8.17 所示。此类电动机散热较佳，有较高的功率体积比，且可使用于直接驱动系统。

直流伺服电动机的励磁绕组和电枢分别由两个独立电源供电，有永磁式和感应式(亦称电驱式)两种。通常采用电枢式，就是励磁电压 U_1 一定，建立的磁通量 Φ 也是定值，而将控制电压 U_2 加在电枢上，其接线图如图 8.18 所示。

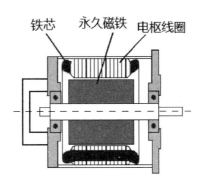

图 8.17　无刷式伺服电动机结构示意图

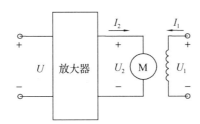

图 8.18　直流伺服电动机接线图

直流伺服电动机的机构特性和直流他励电动机一样：依靠电枢气流与气隙磁通的作用产生电磁转矩，使伺服电动机转动。在一定负载转矩下，当磁通不变时，如果升高电枢电压，电动机的转速就升高；反之，转速就下降；当 $U_2=0$ 时，电动机立即停转，不会出现自转现象。若要电动机反转，须改变电枢电压的极性。

交流伺服电动机是无刷型的。参考图 8.17 可知，电动机内部的转子是永磁铁，驱动器控制的电驱线圈 U/V/W 三相电形成电磁场。转子在此磁场的作用下转动，同时电动机自带的编码器反馈信号给驱动器。驱动器根据反馈值与目标值进行比较，调整转子转动的角度。伺服电动机的精度决定于编码器的精度(线数)。

交流伺服电动机通常都是单相异步电动机，有笼形转子和杯形转子两种结构形式。交流伺服电动机的定子上有两个绕组，即励磁绕组 LL 和控制绕组 LK，两个绕组在空间相差 90° 相位角，如图 8.19 所示。

固定和保护定子的机座一般用硬铝或不锈钢制成。笼型转子交流伺服电机的转子和普通三相笼式电机相同，主要部件为机座、定子、转子、端盖、主轴(轴承)等，如图 8.20 所示。

杯形转子交流伺服电机的结构由外定子、杯形转子和内定子三部分组成。它的外定子和笼型转子交流伺服电机相同，转子则由非磁性导电材料(如铜或铝)制成空心杯形状，杯子底部固定在转轴上。空心杯的壁很薄(小于 0.5mm)，因此转动惯量很小。内定子由硅钢片叠压而成，固定在一个端盖上，内定子上没有绕组，仅作磁路用。电机工作时，内、外定子都不动，只有杯形转子在内、外定子之间的气隙中转动。对于输出功率较小的交流伺服电机，常将励磁绕组和控制绕组分别安放在内、外定子铁心的槽内。

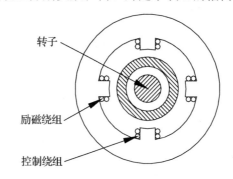

图 8.19　控制绕组、励磁绕组与转子示意图

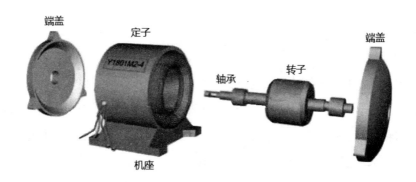

图 8.20　电动机结构爆炸图

交流伺服电动机的工作原理和单相感应电动机无本质上的差异。但是，交流伺服电动机必须具备一个性能，就是能克服交流电动机的"自转"现象，即当无控制信号时，它不应转动，特别是当它已在转动时，如果控制信号消失，它应能立即停止转动。而普通的感应电动机转动起来以后，如控制信号消失，往往仍在继续转动。

当电动机原来处于静止状态时，如控制绕组 LK 不加控制电压，此时只有励磁绕组 LL 通电产生脉动磁场。无论是 LL 还是 LK，单独产生的磁场都无法形成磁力偶使转子转动。例如，只给 LL 通电，参考图 8.19 可知，该绕组在转子对称的两侧产生两个对称磁场。这两个对称磁场与切割转子绕组感应的电动势和电流大小相等，相位相差 180°，无法驱动转子转动，只有 LL 与 LK 同时产生磁场，LL 与 LK 的磁场相差 90° 相位，才可以形成驱动转子转动的磁场。改变电流方向会出现反转。LL 与 LK 产生的任何一个磁场消失，就会使转子停止转动。

这里所述交流伺服电动机的作业原理仅仅是一个直观的说法。交流伺服电动机的工作原理是基于严格的数学模型，对其细述超出本书的范围，读者可以进一步参考相关的文献。

最后说明一下交流伺服电动机和无刷直流伺服电动机在功能上的区别。总的来说，交流伺服电动机比直流无刷伺服电动机要"好"一些，因为交流伺服电动机是正弦波控制，转矩脉动小，而直流伺服电动机是梯形波，脉动会大一些。此外，交流无刷伺服电动机还具有以下优点。

① 无电刷和换向器工作可靠，对维护和保养要求低；

② 定子绕组散热比较方便；

③ 惯量小，易于提高系统的快速性；

④ 适应于高速大力矩工作状态；

⑤ 同功率条件下有较小的体积和质量。

8.3.3　伺服电动机的控制特征

伺服电动机接收的是电压脉冲信号，这种脉冲信号是伺服电动机定位的基础。伺服电动机接收到 1 个脉冲，就会旋转 1 个脉冲对应的角度(也称为"步距角")，从而实现位移。同时，伺服电动机本身具备发出脉冲的功能。它每旋转一个角度，都会发出对应数量的脉冲给驱动器。这样就可与控制器形成闭环或半闭环，如图 8.21 所示。这样控制器能知道发了多少脉冲给伺服电动机，同时又收了多少脉冲回来。于是控制器就能精确地控制电动机的转动，实现精确定位(可以达到 0.001mm)。伺服驱动器与电动机和执行机构可以组成半闭环或闭环实现。可以看出，半闭环是通过伺服驱动器将伺服电动机的信息反馈给控制器，而闭环还要把执行机构的信息返回给控制器。

伺服电动机采用伺服驱动器(servo drives)进行驱动，如图 8.22 所示。伺服驱动器又称为"伺服控制器""伺服放大器"，是用来控制伺服电动机的一种控制器，其作用类似于变频器作用于普通交流电动机，连同电动机一起称为伺服系统，主要应用于高精度的定位系统。目前，主流的伺服驱动器均采用数字信号处理器(DSP)作为控制核心，可以实现比较复杂的控制算法，实现数字化、网络化和智能化。

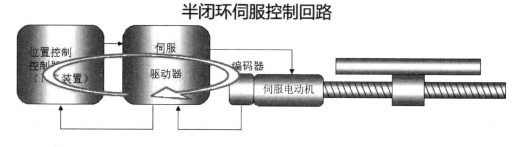

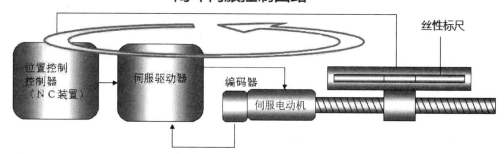

图 8.21　伺服系统的半闭环与闭环

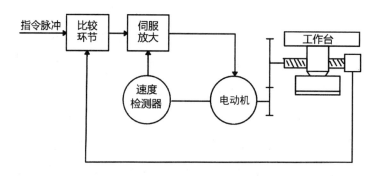

图 8.22　驱动器、伺服电动机与控制对象

8.3.4　单片机控制直流伺服电动机

本节介绍一个单片机控制直流伺服电动机的例子。本例以单片机为控制器，通过按钮设置设定值输入到单片机,单片机对输入信号处理后输出控制信号,经 D/A 转换器 DAC0808 转换后把数字信号转变为模拟电压,再经放大器放大后,去控制伺服电动机工作,进而控制电动机向着预定的转速转动。系统设计如图 8.23 所示。

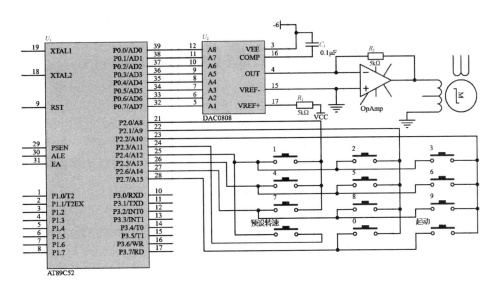

图 8.23　单片机控制直流伺服电动机

从图 8.23 可看出，系统由一片单片机 AT89C52、矩阵式键盘、DAC0808 转换器、运算放大器和一台直流伺服电动机组成。其中，DAC0808 是一个 8 位 DAC，该 DAC 输出的模拟量是正电压；它也可以通过连接电阻在第 4 脚输出-6V 的电压，具体见其设计说明书。运算放大器把 D/A 转换器的电流输出转换为电压输出，同时也把微小电流信号放大为较大的电压信号以驱动电动机转动。按键采用 3×4 矩阵式按钮，用于设定某一数值，即电动机转速值。可通过程序设置延时环节来消除按钮的抖动问题。这里略去相关的程序。

第9章　传递函数基础知识

传递函数是描述线性控制系统输入与输出关系的一种数学函数，它通过输出信号函数的拉普拉斯变换与输入信号函数的拉普拉斯变换之比来表示系统的特征，与系统的抽象结构关系密切，是分析系统的动态特性和稳定性的工具，也是控制工程学的基本研究对象，在自动控制理论里有重要应用。本章介绍传递函数及其应用的入门知识。

9.1　时域分析与频域分析

无论是数字信号还是模拟信号，都可以建立一个数学模型来描述。在 3.1.1 小节已经述及，幅度、频率和相位是描述信号的基本要素。幅度描述信号强弱，频率表示信号发生的快慢程度，而相位则表示信号对应于时间的状态(或位置)。

假如有一个电压信号 $u = u(t)$ 是连续可导的，那么根据微积分的原理很容易计算出信号在哪个时间点达到最大，哪个时间点达到最小。这种以时间为自变量来分析函数的方法叫作时域分析法。另一方面，根据傅里叶变换的描述，任何信号周期为 T 的信号 $y = y(t)$，都可以表示为以下形式

$$y = \sum_{k=-\infty}^{k=\infty} a_k e^{jk\left(\frac{2\pi}{T}\right)t}, \; a_k = \frac{1}{T}\int_T y(t) e^{-jk\left(\frac{2\pi}{T}\right)t} dt$$

上式中，j 是复数单位。

令

$$f_k = e^{jk\left(\frac{2\pi}{T}\right)t} = e^{jk(2\pi\omega)t} = e^{j(2\pi\omega_k)t}$$

则可以发现 y 是若干不同频率信号 f_k 的合成，因为 f_k 可以看成是频率 $\omega\left(\omega_k = \dfrac{k}{T}\right)$ 的函数。那么，在什么频率下，y 的信号会达到峰值呢？这就引出了频域分析的概念。

信号的时域分析就是分析信号随时间的变化，在图像上最明显的特征就是横轴以时间为变量，纵轴是信号随时间变化的量；频域分析是分析信号随频率变化的特征，反映在图像上，自变量是频率(即横轴是频率)，纵轴是该频率信号的幅度变化量。频域和时域只是人们对信号分析的不同方法，可从这两个侧面了解信号。

图 9.1 是同一个信号源从时域与频域两个不同方面的分析效果。从时域来看，这个信号是由一族正弦波形函数组成；从频域来看，低频率的信号幅值大。显而易见，将时域转换

为频域，可了解幅值对频率的变化。

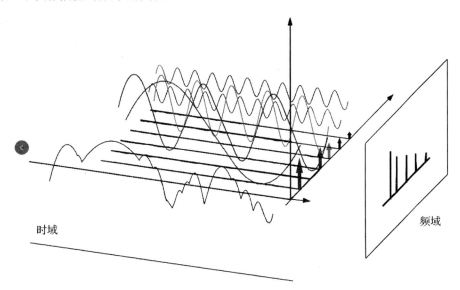

图 9.1　时域分析与频域分析的效果比较

通过信号的频域分析可以知道信号含各个频率的成分多少，为电子设计提供了很多依据。例如，可以通过设计滤波器的频率来抑制不需要的信号而放大需要的信号，医学上用来测量心脏跳动频率和幅度的仪器就属于这种情况。

信号的时域与频域之间是什么关系呢？傅里叶变换就是函数的时域与频域的关系。傅里叶变换是时域与频域变换的工具，因此傅里叶分析也叫频谱分析。通过傅里叶变换，时域信号能够变换成频域信号，频域信号通过逆傅里叶变换转换成时域信号。图 9.2 给出了这种变换的关系。

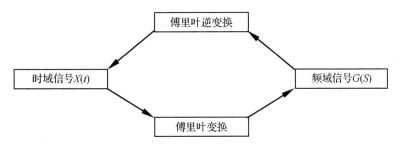

图 9.2　傅里叶变换与时域、频域函数的关系

数学上，除了傅里叶变换能够将时域函数变换成频域函数以外，还有一个称为拉普拉斯的变换(拉氏变换)也能将时域函数变换成频域函数，并且拉氏变换更加灵活(变换的条件没有傅里叶变换严格)。

控制系统的输出多为电流或电压信号，而输入则包含其他类型的信号(如光、热、磁等)，因此，控制系统可视为时域向频域的转换。

在对控制系统分析时，频域分析比时域分析更为重要。这是因为绝大多数控制系统的模型是输出信号函数在时域意义下(时域模式)的微分方程。从微分方程的知识知道，只有极少数微分方程有精确解。相反，通过拉普拉斯变换，时域模式的微分方程被变换为频域意义下的代数方程，很容易求出相应的解并且能够衍生出与微分方程等价的分析方法。这就是后文所述传递函数的意义。

9.2 控制系统时域模式的数学模型

控制系统是由模拟电路和数字电路组合而成的电路。根据电学知识，每个元件都有其自身独特的电学规律。例如流过电阻 R 的电流满足 $i_R = \dfrac{V_R}{R}$，而流过电容 C 的电流则为 $i = C\dfrac{\mathrm{d}V_c}{\mathrm{d}t}$。根据组成系统的各元件所包含的电学规律以及各元件的组成的方式，寻找系统输入/输出变量以及各变量之间数学关系的过程，称为对系统进行数学建模。描述系统输入/输出变量以及各变量之间关系的数学表达式就是系统的数学模型。根据数学的基本原理，数学表达式要么是一个包含各个变量之间简单代数关系(加减乘除)的式子，要么在简单代数关系上再融入一些变量的微分关系或者积分关系。由于微分和积分的逆运算关系，控制系统的数学模型都采用微分方程的形式，既包含系统变量之间的简单代数关系，又包含一些变量的微分关系。

例如，一个最简单的 RC 电路，如图 9.3 所示。

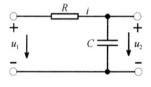

图 9.3 RC 电路

假如电路中的电流时间函数为 $i = i(t)$，每个器件上的电压降也是时间的函数，那么可以发现以下关系。

(1) 整个电路上的电压降关系：

$$u_1(t) = i(t)R + u_2(t) \tag{9.1}$$

(2) 电容上的电流关系：

$$i(t) = C\frac{\mathrm{d}u_2(t)}{\mathrm{d}t} \tag{9.2}$$

(3) 电容上的压降关系:

$$u_2(t) = \frac{1}{C} \int i(t)\mathrm{d}t \tag{9.3}$$

联立式(9.1)、(9.2)两个式子消除 $i(t)$ 得到:

$$u_1(t) = RC\frac{\mathrm{d}u_2(t)}{\mathrm{d}t} + u_2(t) \tag{9.4}$$

联立(9.1)、(9.3)两个式子消除 $u_2(t)$ 得到:

$$u_1(t) = i(t)R + \frac{1}{C}\int i(t)\mathrm{d}t \Rightarrow RC\frac{\mathrm{d}i(t)}{\mathrm{d}t} + i(t) = C\frac{\mathrm{d}u_1(t)}{\mathrm{d}t} \tag{9.5}$$

不难看出，式(9.1)和式(9.2)都是微分方程。

上述例子还给出了求取系统数学模型的一般方法(三步法)。

第 1 步：根据实际情况，确定系统的输入/输出变量。

第 2 步：从系统输入端开始，按信号传递顺序，依次写出组成系统的各个元件的微分方程(或运动方程)。

第 3 步：消去中间变量，写出输入/输出变量的微分方程。

例 1　找出图 9.4 所示系统的数学模型。图中，u_r 是输入的电压，u_a 是电动机 M 上的压降，E_a 与 Ω (即 ω_m) 满足 $E_a = k_d\Omega$，这里 k_d 是电动机常数；电动机扭矩的动力学关系为 $M - M_c = J\frac{\mathrm{d}\Omega}{\mathrm{d}t}$，其中，$M_c$ 为阻力矩，$M = k_d i_a$，i_a 是电路上的电流。

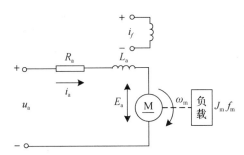

图 9.4　包含电动机的 RL 电路

解：由图 9.4 可知电路方程为

$$u_r - E_a = L_a\frac{\mathrm{d}i_a}{\mathrm{d}t} + R_a i_a \tag{9.6}$$

由于 $M - M_c = J\frac{\mathrm{d}\Omega}{\mathrm{d}t}$ 以及 $E_a = k_d\Omega$，$M = k_d i_a$，解得

$$i_a = \frac{J}{k_d}\frac{\mathrm{d}\Omega}{\mathrm{d}t} + \frac{M_c}{k_d}$$

从而有

$$\frac{L_\mathrm{a}J}{k_\mathrm{d}}\frac{\mathrm{d}^2\Omega}{\mathrm{d}t^2}+\frac{R_\mathrm{a}J}{k_\mathrm{d}}\frac{\mathrm{d}\Omega}{\mathrm{d}t}+k_\mathrm{d}\Omega=u_\mathrm{r}-\left(\frac{L_\mathrm{a}}{R_\mathrm{a}}\frac{\mathrm{d}M_\mathrm{c}}{\mathrm{d}t}-\frac{R_\mathrm{a}}{k_\mathrm{d}}M_\mathrm{c}\right)$$

记 $\dfrac{JR_\mathrm{a}}{k_\mathrm{d}^2}=T_\mathrm{m}$ 以及 $\dfrac{L_\mathrm{a}}{R_\mathrm{a}}=T_\mathrm{a}$，得

$$T_\mathrm{a}T_\mathrm{m}\frac{\mathrm{d}^2\Omega}{\mathrm{d}t^2}+T_\mathrm{m}\frac{\mathrm{d}\Omega}{\mathrm{d}t}+\Omega=\frac{1}{k_\mathrm{d}}u_\mathrm{r}-\left(\frac{L_\mathrm{a}}{R_\mathrm{a}}\frac{\mathrm{d}M_\mathrm{c}}{\mathrm{d}t}-\frac{R_\mathrm{a}}{k_\mathrm{d}}M_\mathrm{c}\right)$$

如果忽略阻力矩，即 $M_\mathrm{c}=0$，方程右边只有电枢回路的控制量 u_r，则电动机方程为

$$T_\mathrm{a}T_\mathrm{m}\frac{\mathrm{d}^2\Omega}{\mathrm{d}t^2}+T_\mathrm{m}\frac{\mathrm{d}\Omega}{\mathrm{d}t}+\Omega=\frac{1}{k_\mathrm{d}}u_\mathrm{r}$$

这是一个典型二阶微分方程。

如果忽略 T_a（$T_\mathrm{a}=0$），电动机方程就是一阶方程，即

$$T_\mathrm{m}\frac{\mathrm{d}\Omega}{\mathrm{d}t}+\Omega=\frac{1}{k_\mathrm{d}}u_\mathrm{r}$$

9.3 传递函数及其意义

从上一节已知，控制系统的模型都是时域意义下的微分方程。理论上讲，只要求出微分方程的解，就可求出系统的输出响应函数(规律)。由于只有极小部分的微分方程能找到其精确解，依靠求解这种时域模式微分方程的方法来分析控制系统，在理论上就存在瑕疵。好在历史上数学家研究出了一种将时域模式的方程变换为频域模式且易于求解的方程，并衍生出在频域模式下研究系统特征的等价方法——传递函数。

9.3.1 Laplace 变换

Laplace 变换(Laplace Transform，拉普拉斯变换或拉氏变换)是工程数学中的一种积分变换，可将一个实数参数 $t(t\geqslant0)$ 的函数转换为一个参数为复数 s 的函数。简单地说，Laplace 变换 L 是一个线性变换，它将实变量函数 $f(t)(t\geqslant0)$ 变换成一个复变量函数 $F(s)$（s 为复变量)：

$$F(s)=L\{f(t)\}$$

具体地，

$$F(s)=\int_0^\infty f(t)\mathrm{e}^{-st}\mathrm{d}t$$

对函数 $f(t)$ 的微分做 Laplace 变换，有如下结果。

(1) 如果 $f(t)$ 满足所谓零初始条件，即 $f(0)=0, f'(0)=0, \cdots, f^{(k)}(0)=0$ ，那么：

$$L\{f^{(n)}(t)\}=s^n F(s)$$

(2) 其他情况下：

$$L\{f'(t)\}=sF(s)-f(0)$$
$$L\{f''(t)\}=s^2 F(s)-sf(0)-f'(0)$$
$$\vdots$$
$$L\{f^{(n)}(t)\}=s^n F(s)-\sum_{k=1}^{n} s^{n-k} f^{(k-1)}(0)$$

与 Laplace 变换对应的，数学上定义 Laplace 逆变换 L^{-1} 为一个线性变换，使得

$$f(t)=L^{-1}\{F(s)\}$$

Laplace 变换及其逆变换是一一对应的变换。例如，在零初始条件下有

$$f^{(n)}(t)=L^{-1}\{s^n F(s)\}$$

数学家们通过对 Laplace 变换的研究发现，一个带初始条件的常系数微分方程 $D(t)=a(t)$ [这里 $D(t)$ 表示带有未知函数及其微分运算的式子，$a(t)$ 表示不含未知函数且无微分运算的式子]，经过 Laplace 变换后会变成一个复数域上的代数方程，即

$$A(s)=B(s)$$

这里 $A(s)$、$B(s)$ 都是一个不含微分运算的代数式子。例如，取 $D(t)=\dfrac{\mathrm{d}x(t)}{\mathrm{d}t}+2x(t)$，$a(t)=0$ 以及初始条件 $x(0)=3$，令 $A(s)=L\{D(t)\}$，那么经过 Laplace 变换后，$D(t)=a(t)$ 这个微分方程在初始条件 $x(0)=3$ 下变为代数方程：

$$(s+2)\cdot A(s)=3 \tag{9.7}$$

Laplace 变换的重要性并不在于它能将未知函数的微分式子 $D(t)$ 变换成一个与未知函数相关的 $A(s)$ 代数方程，更重要的是，通过这个代数方程解出 $A(s)$ 后，可经 Laplace 逆变换 L^{-1} 求出未知函数。例如，从式(9.7)可解出：

$$A(s)=\frac{3}{s+2} \tag{9.8}$$

对 $A(s)$ 施以 Laplace 逆变换得到：

$$x(t)=L^{-1}\{A(s)\}=3\mathrm{e}^{-2t}$$

有关 Laplace 变换，这里需要指出以下几点。

(1) Laplace 变换是为简化计算而建立的实变量函数和复变量函数间的一种函数变换。对一个实变量函数作拉普拉斯变换，并在复数域中作各种运算，再将运算结果作拉普拉斯逆变换来求得实数域中的相应结果，往往比直接在实数域中求出同样的结果在计算上容易得多。拉普拉斯变换的这种运算步骤对于求解线性微分方程尤为有效，它可把微分方程化为容易求解的代数方程来处理，从而使计算简化。在经典控制理论中，对控制系统的分析和

综合，都是建立在拉普拉斯变换基础上的。

(2) Laplace 变换是一个严格的数学方法，有详细定义、演绎和推导，也有许多特性。在有关 Laplace 变换的数学书籍中都有大量篇幅进行介绍。本书仅仅介绍 Laplace 变换和逆变换的一个大致概念，相关的详细介绍已经超出本书范围。有兴趣的读者可以在专业书籍上查阅(如复变函数与积分变换之类的书籍或者专门介绍 Laplace 变换的工程数学书籍)。

(3) 引入拉普拉斯变换的一个主要优点，是可采用传递函数代替微分方程来描述系统的特性。这就为采用直观和简便的图解方法(结构图)来确定控制系统的整个特性、分析控制系统的运动过程，以及综合控制系统的校正装置提供了可能性。

(4) 对一些式子的 Laplace 变换及其逆变换，已经形成可查阅的手册。技术人员遇到有关变换式子需要知道结果时，可直接查阅手册。为便于读者对后面小节的理解，这里列举几个常用的变换供参考，见表 9.1。

表 9.1 常用 Laplace 变换关系

序　号	$f(t) = L^{-1}\{F(s)\}$	$F(s) = L\{f(t)\}$
1	t	$\dfrac{1}{s^2}$
2	$\dfrac{t^n}{n!}$	$\dfrac{1}{s^{n+1}}$
3	e^{-at}	$\dfrac{1}{s+a}$
4	te^{-at}	$\dfrac{1}{(s+a)^2}$
5	$1-e^{-at}$	$\dfrac{a}{s(s+a)}$
6	$e^{-at}-e^{-bt}$	$\dfrac{b-a}{(s+a)(s+b)}$
7	$\sin\omega t$	$\dfrac{\omega}{s^2+\omega^2}$
8	$\cos\omega t$	$\dfrac{s}{s^2+\omega^2}$
9	$e^{-at}\sin\omega t$	$\dfrac{\omega}{(s+a)^2+\omega^2}$
10	$e^{-at}\cos\omega t$	$\dfrac{s+a}{(s+a)^2+\omega^2}$

9.3.2　传递函数的概念

前面已经多次说到，Laplace 变换的一个主要优点就是可采用传递函数代替微分方程来描述系统的特性。那么到底什么是传递函数呢？它又是如何替代微分方程来表征控制系统的特征呢？以下从常系数线性微分方程系统的 Laplace 变换逐步阐述这些问题。

设一个线性定常系统由下述 n 阶线性常微分方程描述：

$$a_0 \frac{\mathrm{d}^n}{\mathrm{d}t^n} c(t) + a_1 \frac{\mathrm{d}^{n-1}}{\mathrm{d}t^{n-1}} c(t) + \cdots + a_{n-1} \frac{\mathrm{d}}{\mathrm{d}t} c(t) + a_n c(t)$$

$$= b_0 \frac{\mathrm{d}^m}{\mathrm{d}t^m} r(t) + b_1 \frac{\mathrm{d}^{m-1}}{\mathrm{d}t^{m-1}} r(t) + \cdots + b_{m-1} \frac{\mathrm{d}}{\mathrm{d}t} r(t) + b_m c(t)$$

或者

$$a_0 c^{(n)}(t) + a_1 c^{(n-1)}(t) + \cdots + a_{n-1} c'(t) + a_n c(t)$$

$$= b_0 r^{(m)}(t) + b_1 r^{(m-1)}(t) + \cdots + b_{m-1} r'(t) + b_m r(t)$$

式中，$c(t)$ 是系统输出量，$r(t)$ 是系统输入量，$a_i(i=1,2,3,\cdots,n)$ 和 $b_j(j=1,2,3,\cdots,m)$ 是与系统结构和参数有关的常系数。为便于叙述，将上式左边记为 $D_a^c(t)$，右边记为 $D_b^r(t)$，则上式变成

$$D_a^c(t) = D_b^r(t) \tag{9.9}$$

设 $r(t)$ 和 $c(t)$ 及其各阶导数的系数在 $t=0$ 时的值均为 0，即 0 初始条件。对上式中各项分别求拉氏变换，并令 $C(s)=L[c(t)]$，$R(s)=L[r(t)]$，(略去具体推演过程)可得关于 s 的代数方程为

$$[a_0 s^n + a_1 s^{n-1} + \cdots + a_{n-1}s + a_n]C(s) = [b_0 s^m + b_1 s^{m-1} + \cdots + b_{m-1}s + a_m]R(s)$$

把它整理成如下形式：

$$\frac{C(s)}{R(s)} = \frac{b_0 s^m + b_1 s^{m-1} + \cdots + b_{m-1}s + b_m}{a_0 s^n + a_1 s^{n-1} + \cdots + a_{n-1}s + a_n}$$

并令

$$G(s) = \frac{C(s)}{R(s)}$$

那么

$$G(s) = \frac{b_0 s^m + b_1 s^{m-1} + \cdots + b_{m-1}s + b_m}{a_0 s^n + a_1 s^{n-1} + \cdots + a_{n-1}s + a_n}$$

注意到，$G(s)$ 是个有理多项式(分式多项式)，其分母正好是齐次线性微分方程 $D_a^c(t)=0$ 的特征多项式 $T_a^c(s)$，分子正好是齐次线性微分方程 $D_b^r(t)=0$ 的特征多项式 $T_b^r(s)$，可知 $G(s)$ 关联了微分方程(9.9)左右两侧的两个特征多项式，成为两个特征方程的纽带，即一种传递关系。另外注意到，$G(s)$ 正好是输出信号的拉氏变换与输入信号的拉氏变换之比，它也承担了在输入与输出之间的一种传递。正因为如此，$G(s)$ 被定义为控制系统的传递函数。考虑到前面的讨论中融合了系统 0 初始条件，传递函数可以定义为：线性系统在 0 初始条件下输出信号的拉氏变换与输入拉氏变换之比。至此，传递函数的内涵已经阐述清楚了。

从系统设计思想的角度来讲，传递函数是一种用系统参数表示输出量与输入量之间关系的表达式，它只取决于系统的结构和参数，而与输入量的形式无关(即所谓 0 初始条件)，也不反映系统内部的任何信息。因此，可以用图 9.5 的方块图表示一个具有传递函数 $G(s)$ 的线性系统。

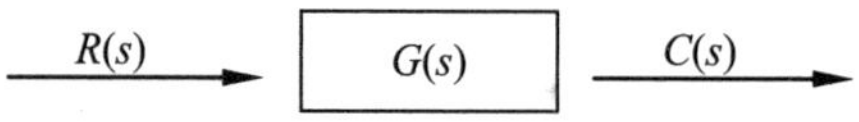

图 9.5　系统传递函数功能示意图

那么，传递函数 $G(s)$ 是如何能够实现跟方程(9.9)一样的对系统的表征功能呢？这主要是由 Laplace 变换在 0 初始条件下 Laplace 逆变换的性质决定的。因为在 0 初始条件下 $f^{(n)}(t)=L^{-1}\{s^nF(s)\}$，所以对式子

$$(a_0s^n+a_1s^{n-1}+\cdots+a_{n-1}s+a_n)C(s)=(b_0s^m+b_1s^{m-1}+\cdots+b_{m-1}s+b_m)R(s)$$

两边做 Laplace 逆变换，就得到

$$a_0c^{(n)}(t)+a_1c^{(n-1)}(t)+\cdots+a_{n-1}f'(t)+a_nc(t)$$
$$=b_0r^{(m)}(t)+b_1r^{(m-1)}(t)+\cdots+b_{m-1}r'(t)+b_mr(t)$$

对于传递函数，这里再说明几点。

(1) 传递函数的概念只适用于线性定常系统；传递函数分子多项式阶数 m 小于或等于分母多项式的阶数 n。

(2) $G(s)$ 虽然描述了输出与输入之间的关系，但它不提供任何该系统的物理结构。许多不同的物理系统具有完全相同的传递函数。

(3) 传递函数只与系统本身的特性参数有关，与系统的输入量无关；它所反映的是系统在 0 输入/0 输出(0 初始条件下)的静态特征。

(4) 传递函数不能反映系统在非零初始条件下的运动规律。系统的动态特征是需要微分方程来反映的。

(5) 传递函数 $G(s)$ 的拉氏逆变换是系统的单位脉冲响应 $g(t)$ [脉冲响应函数 $g(t)$ 是系统在单位脉冲 $\delta(t)$ 输入时的输出响应]。也就是说，在时刻 t 给系统输入一个 $\delta(t)$，则系统会输出 $g(t)$。那么这个 $g(t)$ 的大小就是 $g(t)=L^{-1}\{G(s)\}$）。

9.3.3　传递函数的求法

有两种求得元件或系统传递函数的方法：一种是时域电路分析法，另一种是复阻抗(频域)分析法，以下分别介绍。

电路分析法就是常规的通过建立元件或系统的微分方程，然后在 0 初始条件下对方程

进行拉氏变换，最后按照定义取输出与输入的拉氏变换之比。

例 2　列写图 9.6 所示 *RLC* 网络的传递函数。

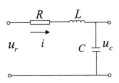

图 9.6　*RLC* 网络

解：(1) 明确输入量、输出量。网络的输入量为电压 $u_r(t)$，输出量为电压 $u_c(t)$。

(2) 列出原始微分方程式。设 $i(t)$ 为网络电流，根据电路理论得

$$u_r(t) = L\frac{\mathrm{d}i(t)}{\mathrm{d}t} + \frac{1}{C}\int i(t)\mathrm{d}t + Ri(t)$$

(3) 因为 $u_c(t) = \frac{1}{C}\int i(t)\mathrm{d}t$，消去中间变量 $i(t)$，整理得到微分方程

$$LC\frac{\mathrm{d}^2 u_c(t)}{\mathrm{d}t^2} + RC\frac{\mathrm{d}u_c(t)}{\mathrm{d}t} + u_c(t) = u_r(t)$$

对上述方程进行 0 初始条件拉式变换，得

$$LCs^2 U_o(s) + RCs U_o(s) + U_o(s) = U_i(s)$$

从而，所求传递函数为

$$G(s) = \frac{U_o(s)}{U_i(s)} = \frac{1}{LCs^2 + RCs + 1}$$

例 3　求图 9.3 所示 *RC* 电路的传递函数。

解：所述电路的微分方程为

$$u_1(t) = RC\frac{\mathrm{d}u_2(t)}{\mathrm{d}t} + u_2(t)$$

取方程的 0 初始条件拉式变换，得

$$U_o(s) = RCs U_i(s) + U_i(s)$$

故所求传递函数为

$$G(s) = \frac{U_o(s)}{U_i(s)} = \frac{1}{RCs + 1}$$

在电路中有 3 种基本的阻抗元件：电阻、电感和电容。按照图 9.5 所示的传递函数释义，这 3 种阻抗元件相关的电流 i、电压 u 及其传递函数关系见表 9.2。

表 9.2　阻抗元件电流 i、电压 u 及其传递函数

器　件	时域 i、u 关系	频域 I、U 关系	传递函数
电阻	$u(t) = Ri(t)$	$U(s) = RI(s)$	$G(s) = \dfrac{U(s)}{I(s)} = R$
电感	$u(t) = L\dfrac{\mathrm{d}i(t)}{\mathrm{d}t}$	$U(s) = LsI(s)$	$G(s) = \dfrac{U(s)}{I(s)} = Ls$
电容	$i(t) = C\dfrac{\mathrm{d}u(t)}{\mathrm{d}t}$	$I(s) = CsU(s)$	$G(s) = \dfrac{U(s)}{I(s)} = \dfrac{1}{Cs}$

复阻抗分析法就是按照表 9.2 的阻抗器件传递函数、电路结构来按照频域关系分析出电路的传递函数。

例 4　用复阻抗分析法求图 9.6 的 LRC 电路传递函数。

解：根据电路结构可知

$$U_\mathrm{o}(s) = \frac{I(s)}{Cs}$$

$$U_\mathrm{i}(s) = RI(s) + LsI(s) + U_\mathrm{o}(s)$$

所以

$$G(s) = \frac{U_\mathrm{o}(s)}{U_\mathrm{i}(s)} = \frac{(1/Cs)I(s)}{RI(s) + LsI(s) + (1/Cs)I(s)}$$

$$= \frac{1/Cs}{R + Ls + (1/Cs)} = \frac{1}{LCs^2 + RCs + 1}$$

例 5　求两级 RC 滤波电路(见图 9.7)的传递函数 $U_\mathrm{o}(s)/U_\mathrm{i}(s)$。

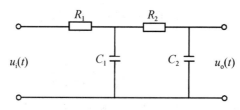

图 9.7　两级 RC 滤波电路

解：将图 9.7 做复阻抗等效变换，如图 9.8 所示。

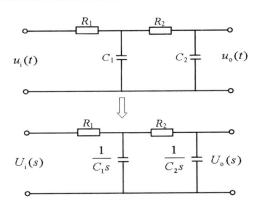

图 9.8　复阻抗等效变换

根据分压定理，$U_{R1} + U_{R2\oplus C2} = U_i$，$\dfrac{U_{R1}}{U_{R2\oplus C2}} = \dfrac{R_1}{R_2 + \dfrac{1}{C_2 s}}$，$U_o = \dfrac{\dfrac{1}{C_2 s}}{R_2 + \dfrac{1}{C_2 s}} U_{R2\oplus C2}$，得

$$U_{R1} = \frac{R_1}{R_2 + \dfrac{1}{C_2 s}} \times U_{R2\oplus C2}$$

$$\frac{R_1}{R_2 + \dfrac{1}{C_2 s}} \times U_{R2\oplus C2} + U_{R2\oplus C2} = U_i$$

以及

$$U_o(s) = \frac{\dfrac{1}{C_2 s}}{R_2 + \dfrac{1}{C_2 s}} \times \frac{\dfrac{\left(R_2 + \dfrac{1}{C_2 s}\right) \times \dfrac{1}{C_1 s}}{R_2 + \dfrac{1}{C_2 s} + \dfrac{1}{C_1 s}}}{\dfrac{\left(R_2 + \dfrac{1}{C_2 s}\right) \times \dfrac{1}{C_1 s}}{R_2 + \dfrac{1}{C_2 s} + \dfrac{1}{C_1 s}} + R_1} U_i(s)$$

整理得

$$G(s) = \frac{U_o(s)}{U_i(s)} = \frac{1}{R_1 C_1 R_2 C_2 s^2 + (R_1 C_1 + R_2 C_2 + R_1 C_2)s + 1}$$

9.4　控制系统典型环节的传递函数

在对控制系统进行分析研究时，一般要注重系统的动态特性。具有某种确定信息传递关系的元件、元件组或元件的一部分称为一个环节。基于环节的概念，物理结构上千差万

别的控制系统中都是由为数不多的环节组成的。这些环节称为典型环节或基本环节。在经典控制理论中，常见的典型环节有以下六种：比例环节、惯性环节、微分环节、积分环节、振荡环节、延迟环节。

9.4.1　比例环节

比例环节是输出与输入成比例，因此其微分方程为

$$c(t) = Kr(t)$$

式中，$r(t)$ 和 $c(t)$ 分别为系统输入量和输出量，K 为比例环节的放大系数。据此传递函数为

$$G(s) = \frac{C(s)}{R(s)} = K$$

比例环节可用图 9.9 示意。

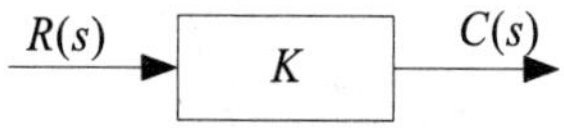

图 9.9　比例环节

比例环节的特点是，系统输出既不失真也不延迟，而是按比例地反映输入的变化，又称为无惯性环节。在机械系统也存在比例环节，如齿轮的传动中，传动比就是一个只跟齿数有关而与齿轮形状无关的量。

9.4.2　惯性环节

惯性环节的微分方程为

$$T\frac{\mathrm{d}c(t)}{\mathrm{d}t} + c(t) = r(t)$$

式中，T 为时间常数，它表征了环节的惯性，且与系统的结构参数有关。其传递函数为

$$G(s) = \frac{C(s)}{R(s)} = \frac{1}{Ts+1}$$

惯性环节的结构如图 9.10 所示。

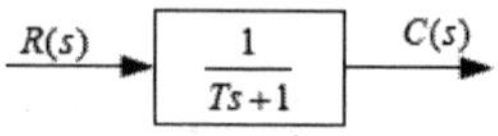

图 9.10　惯性环节

惯性环节的特点是，由于环节中含有一个储能元件，所以当输入量突然变化时，输出量不能跟着突变，而是按指数规律逐渐变化。力学中的弹簧阻尼系统和 LR 电路都是惯性环节，如图 9.11 所示。

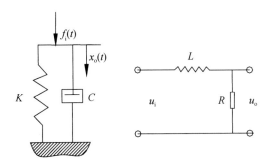

图 9.11 惯性环节示例

在弹簧阻尼系统中，微分方程为 $C\dfrac{\mathrm{d}x_o(t)}{\mathrm{d}t}+Kx_o(t)=f_i(t)=Kx_i(t)$，演绎出

$$(Cs+K)X(s)=KF(s) \Rightarrow G(s)=\frac{X(s)}{F(s)}=\frac{K}{Cs+K}=\frac{1}{Ts+1}, \quad T=\frac{C}{K}$$

在 LR 电路中，根据分压定理得

$$U_o(s)=\frac{R}{Ls+R}U_i(s) \Rightarrow G(s)=\frac{U_o(s)}{U_i(s)}=\frac{R}{Ls+R}=\frac{1}{Ts+1}$$

9.4.3 微分环节

理想微分环节的微分方程为

$$c(t)=T_d\dot{r}(t)$$

式中，T_d 为微分时间常数。其传递函数为

$$G(s)=\frac{C(s)}{R(s)}=T_d s$$

微分环节的结构如图 9.12 所示。

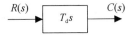

图 9.12 微分环节

微分环节的特点是，系统输出量正比于输入量的微分，即输出量反映输入量的变化率，而不反映输入量本身的大小。因此，可由微分环节来反映输入量的变化趋势，使控制作用提前。实际中常利用微分环节改善系统的动态性能。但要注意，当输入为单位阶跃响应函数时，输出就是脉冲函数，这在实际中是不可能的。因此，微分环节一般不单独存在，而

是与其他环节(如比例环节)同时存在的。在 RC 电路中，如图 9.13 所示，当 RC 大大小于 1 时，可近似看出是微分环节。事实上，电路满足 $U_o(s) = \dfrac{R}{R + \dfrac{1}{Cs}} U_i(s) = \dfrac{RCs}{RCs + 1} U_i(s)$。因此

当 RC 大大小于 1 时，

$$G(s) = \frac{U_o(s)}{U_i(s)} \approx RCs$$

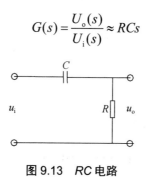

图 9.13　RC 电路

9.4.4　积分环节

积分环节的微分方程为

$$T_i \dot{c}(t) = r(t)$$

式中，T_i 为微分时间常数。其传递函数为

$$G(s) = \frac{C(s)}{R(s)} = \frac{1}{T_i s}$$

积分环节的结构如图 9.14 所示。

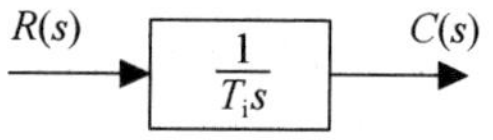

$$R(s) \longrightarrow \boxed{\dfrac{1}{T_i s}} \longrightarrow C(s)$$

图 9.14　积分环节

积分环节的特点是，系统输出量正比于输入量对时间的积分，输出量呈线性增长。输入量作用一段时间后，即使输入量变为零，输出量仍将保持在已达到的数值，故有记忆功能。另一个特点是在输入突变时，输出值要等时间 T_i 后才等于输入值，故具有滞后作用。积分环节常被用来改善控制系统的稳态性能。

例如，当输入为单位阶跃信号 $R(s) = \dfrac{1}{s}$ 时，$C(s) = \dfrac{1}{T_i s} \cdot \dfrac{1}{s} = \dfrac{1}{T_i s^2}$，积分环节的时域输出响应为 $c(t) = \dfrac{1}{T_i} t$。

图 9.15 所示的机电传动系统也是一个积分环节的例子。在该系统中，$\omega = K_i u_r$，

$$\omega_c = \int K_2 \omega \mathrm{d}t，\ 导出\ \omega_c = K_1 K_2 \int u_r \mathrm{d}t \Rightarrow \omega_c(s) = \frac{K_1 K_2}{s} U_r(s) \Rightarrow G(s) = \frac{K}{s}。$$

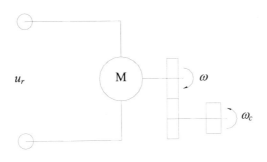

图 9.15　积分环节示例

9.4.5　振荡环节

振荡环节是二阶环节，含有两个独立的储能元件，并且所储存的能量能够互相转换，从而导致输出带有振荡的性质。其微分方程式为

$$T^2 \ddot{c}(t) + 2\xi T \dot{c}(t) + c(t) = r(t)$$

式中，T 为振荡环节的时间常数，ξ 为阻尼比。振荡环节传递函数为

$$G(s) = \frac{C(s)}{R(s)} = \frac{1}{T^2 s^2 + 2\xi T s + 1}$$

振荡环节传递函数的另一种常用标准形式为

$$G(s) = \frac{C(s)}{R(s)} = \frac{\omega_n^2}{s^2 + 2\xi \omega_n s + \omega_n^2}$$

式中，$\omega_n = \dfrac{1}{T}$，为无阻尼自然振荡频率。

必须指出，当 $0 < \xi < 1$ 时，二阶环节特征方程才有共轭复根，这时二阶系统才能称为振荡环节。当 $\xi > 1$ 时，二阶系统有两个实数根，此时的系统为两个惯性环节的串联。

振荡环节的结构如图 9.16 所示。

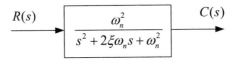

图 9.16　振荡环节

振荡环节的特点是，当输入为阶跃信号，阻尼比 $0 < \xi < 1$ 时，系统输出的动态响应具有振荡的形式。典型的例子是图 9.6 所示的 *LRC* 电路。机械系统中的质量－弹簧－阻尼系统也

是二阶振荡系统，如图 9.17 所示，该系统的微分方程为 $m\dfrac{d^2x_o(t)}{dt^2}+C\dfrac{dx_o(t)}{dt}+Kx_o(t)=f_i(t)$。读者可据此自行导出系统的传递函数。

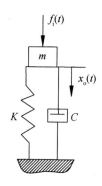

图 9.17　机械二阶振荡系统

9.4.6　延迟环节

延迟环节也称为时滞环节，其数学表达式为

$$c(t)=r(t-\tau)$$

式中，τ 为延时时间。延迟环节传递函数为

$$G(s)=\frac{C(s)}{R(s)}=\mathrm{e}^{-\tau s}$$

延迟环节的结构如图 9.18 所示。

图 9.18　延迟环节

延迟环节的特点是，系统输出比输入滞后时间 τ，但不失真地反映输入。延迟环节的存在对系统的稳定性有影响。

延迟环节与惯性环节的区别在于，惯性环节的输出需要延迟一段时间才接近于所要求的输出量，但它从输入开始时刻起就已有了输出。延迟环节在输入开始之初的时间 τ 内并无输出，经过时间 τ 后，输出就完全等于从一开始起的输入，且不再有其他滞后过程。

9.5　利用传递函数分析系统

传递函数不仅存在于系统，而且存在于元器件。设计人员可根据组成系统各单元的传递函数和它们之间的连接关系导出整体系统的传递函数，并用它分析系统的动态特性、稳定性，或根据给定要求综合控制系统，设计满意的控制器。以传递函数为工具分析和综合控制系统的频域法，是经典控制理论的基础和研究多变量控制系统的有力工具。将传递函数与系统结构图组合来分析系统，是每个从事控制系统设计人员的基本素质。本节介绍相关的知识。

9.5.1　系统的结构图

结构图是描述系统各组成元件之间信号传递关系的数学图形，它表示了系统的输入/输出之间的关系。结构图由四个要素组成，分别是信号线、分支点、比较点和方框。

(1) 信号线是带箭头的直线，箭头表示信号传递方向。

(2) 分支点(引出点)表示信号引出或测量的位置(同一位置引出的信号大小和性质完全一样)，比如图 9.19 中 $P(s)$ 分支点。

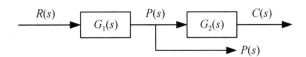

图 9.19　结构图中的分支点

(3) 比较点对两个以上信号加减运算。注意，不同标记的+、−号含义有别，如图 9.20 所示。

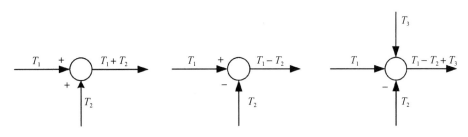

图 9.20　比较点的运算示意图

(4) 方框是用于输入环节传递函数的单元。方框间的基本连接方式只有串联、并联和反馈连接三种。

建立系统的结构图，需要首先算出各元件的传递函数，标明输入/输出量，再按照变量的传递顺序依次将各元件的结构图连接起来。

有时需要对复杂的结构图进行简化，主要通过等效变换(变位变换)，即移动引出点或比较点，将串联、并联和反馈连接的方框合并。在简化过程中，应遵循变换前后变量关系保持不变原则。

串联连接环节的方框如图 9.21 所示。合并时，需要将各个方框的传递函数相乘，作为合并后的传递函数。一般地，多个串联连接的方框合并后的传递函数是原各个方框传递函数的乘积：

$$w(s) = w_1(s)w_2(s)\cdots w_n(s) = \prod_{i=1}^{n} w_i(s)$$

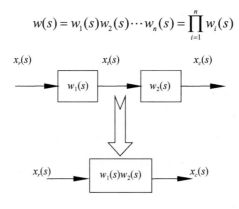

图 9.21 串联连接的框图

并联连接环节的方框，如图 9.22 所示，合并时需要将各个方框的传递函数相加。一般地，多个并联连接的方框合并后的传递函数是原各个方框传递函数之和：

$$w(s) = w_1(s) + w_2(s) + \cdots + w_n(s) = \sum_{i=1}^{n} w_i(s)$$

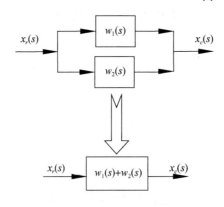

图 9.22 并联连接的框图

反馈连接是将输出量返回系统输入形成闭环。有两个通道(正向通道、反馈通道)，合并

后传递函数为 $w(s) = \dfrac{w_1(s)}{1 \pm w_1(s)w_2(s)}$ 。按照 $x_c(s) = w_1(s)e(s)$ ， $e(s) = x_r(s) \pm x_f(s)$ ， $x_f(s) = w_2(s)x_c(s)$ 的规律，读者可以自行推导出这个传递函数关系，其合并如图 9.23 所示。

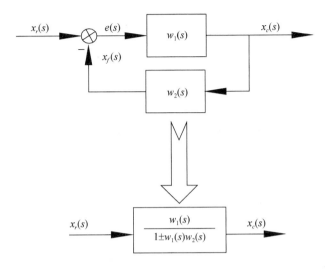

图 9.23　带反馈框图的合并

9.5.2　基于结构图的系统分析

基于结构图和传递函数的合并规律，可以对一些复杂系统进行分析，演绎出复杂系统的传递函数。以下通过例子向读者展示这一基本方法。

在工程中，经常会受到两类输入信号的作用，一类是给定的有用输入信号 $r(t)$ ，另一类则是阻碍系统进行正常工作的扰动信号 $n(t)$ 。基于这个事实，下面来分析闭环的传递函数。图 9.24 所示是闭环控制系统的典型结构。

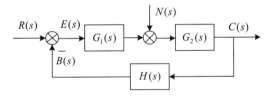

图 9.24　闭环控制系统的典型结构框图

如果只有 $r(t)$ 作用而 $n(t) = 0$ ，那么系统的结构如图 9.25 所示。

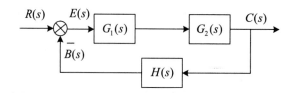

图 9.25　$r(t)$ 作用下的系统结构框图

此时，系统的传递函数用 $\Phi_r(s)$ 表示为

$$\frac{C(s)}{R(s)} = \Phi_r(s) = \frac{G_1(s)G_2(s)}{1 + G_1(s)G_2(s)H(s)}$$

如果只有 $n(t)$ 作用，则系统的结构如图 9.26 所示。

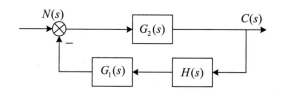

图 9.26　$n(t)$ 作用下的系统结构框图

此时的传递函数记为 $\Phi_n(s)$，为

$$\frac{C(s)}{N(s)} = \Phi_n(s) = \frac{G_2(s)}{1 + G_1(s)G_2(s)H(s)}$$

称为 $n(t)$ 作用下的系统闭环传递函数。

当给定输入和扰动输入同时作用于系统时，根据线性叠加原理，线性系统的总输出应为各输入信号引起的输出之总和。因此有

$$C(s) = \Phi_r(s)R(s) + \Phi_n(s)N(s) = \frac{G_1(s)G_2(s)R(s)}{1 + G_1(s)G_2(s)H(s)} + \frac{G_2(s)N(s)}{1 + G_1(s)G_2(s)H(s)}$$

同样，可以分析系统的误差。闭环系统的误差为给定信号与反馈信号之差，即

$$E(s) = R(s) - B(s)$$

那么 $r(t)$ 作用下求得

$$E(s) = R(s) - B(s) = R(s) - H(s)C(s)$$

故此时的误差传递函数 $\Phi_{er}(s)$ 为

$$\Phi_{er}(s) = \frac{E(s)}{R(s)} = \frac{R(s) - H(s)C(s)}{R(s)} = 1 - H(s)\frac{C(s)}{R(s)} = \frac{1}{1 + G_1(s)G_2(s)H(s)}$$

$n(t)$ 作用下求得 $E(s) = -B(s) = -H(s)C(s)$，故此时扰动误差传递函数 $\Phi_{en}(s)$ 为

$$\Phi_{en}(s) = \frac{E(s)}{N(s)} = -H(s)\frac{C(s)}{N(s)} = -\frac{G_2(s)H(s)}{1 + G_1(s)G_2(s)H(s)}$$

从而根据叠加原理，系统的总误差为

$$E(s) = \Phi_{er}(s)R(s) + \Phi_{en}(s)N(s)$$

对比上面导出的四个传递函数 $\Phi_r(s)$、$\Phi_n(s)$、$\Phi_{er}(s)$ 和 $\Phi_{en}(s)$ 的表达式，可以看出，表达式虽然各不相同，但其分母却完全相同，均为 $1+G_1(s)G_2(s)H(s)$，这是闭环控制系统的本质特征。$1+G_1(s)G_2(s)H(s)=0$ 称为系统的特征方程式。

第 10 章　PID 控制简介

PID(Proportion，Integral，Diffierential，比例、积分和微分)控制是一种在工业生产中应用最广泛的控制方法，其最大的优点是不需要了解被控对象精确的数学模型，不用进行复杂的理论计算，只需要根据被控变量与给定值之间的偏差以及偏差的变化率等简单参数，通过工程方法对比例系数 K_P、积分系数 T_I、微分系数 T_D 三个参数进行调整，就可以得到令人满意的控制效果。本章介绍 PID 控制算法。

10.1　自动控制性能指标的相关概念

评价控制系统有响应速度、调节速度和稳定性几个指标。

(1)　响应速度是指控制系统对偏差信号做出反应的速度，也叫作系统灵敏度。一般可以通过上升时间 t_r 和峰值时间 t_p 进行反映，如图 10.1 所示。上升时间和峰值时间越短，则系统的响应速度越快。

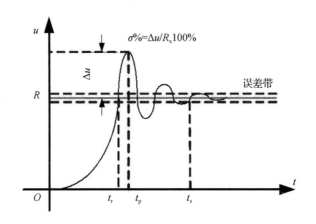

图 10.1　系统响应速度指标示意图

(2)　系统的快速性主要由调节速度来反映，系统的调节时间越短，则系统的快速性越好。系统的快速性与响应速度是两个不同的概念，响应速度快的系统，其调节时间不一定短；调节时间短的系统，其响应速度不一定很快。调节速度以系统趋稳的时间来评价，一般为 10%～90%效率的时间，如图 10.2 所示。

(3)　系统的稳定性一般用超调量 $\sigma\%$ 来反映，超调量越小，系统的稳定性越好；超调量越大，系统的稳定性越差。系统的稳定性与系统的响应速度是一对矛盾体。

为了确保一个控制系统能够在响应速度、调节速度和稳定性方面都能如意，科学家和技术人员设计了多种控制算法。其中，20 世纪 40 年代形成的 PID 算法和 PID 控制器是应用最广泛、影响最大的。据不完全统计，在工业过程控制、航空航天控制领域中，PID 控制的应用占 80%以上。

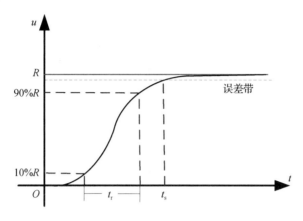

图 10.2　系统调节速度示意图

10.2　PID 控制原理

PID 控制历经数十年的发展，在工业上已臻成熟，而它的原理则十分简单，本节介绍该原理。

10.2.1　PID 控制的思路

闭环控制是根据控制对象输出的反馈来进行校正的控制方式。它是在测量出控制对象的实际输出与预设计划发生了偏差时，按定额或标准来纠正偏差。通俗地讲，控制过程是一个对预设不断纠偏的过程，可用图 10.3 来描述。

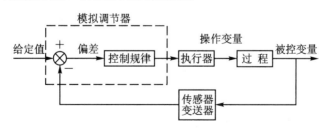

图 10.3　一个纠偏控制过程

人类也有纠偏自己行为的过程。比如，在道路上开车，快了就要减慢，偏左就要打右，弯道就要减速并且修正方向。人类的大脑是个天生的控制器，但它是依靠各种感觉来控制行为，采用的是最高境界的模糊模制。计算机组成的控制器，没有人类大脑灵活，需要经过计算才能发出指令。计算的方法决定了控制器在响应速度、调节速度和稳定性方面的表现。想想看，就数量计算而言，除了缩小/放大(比例)、微分和积分以外，还有什么？这就是 PID 算法的来由。

PID 是比例(Proportion)、积分(Integral)和微分(Differential)的英文缩写，分别代表了三种控制算法。通过这三种算法的组合，可有效地纠正被控制对象的偏差，从而使其达到一个稳定的状态。图 10.4 所示是 PID 控制系统原理图。

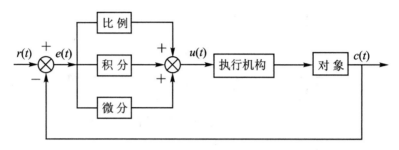

图 10.4 PID 控制系统原理图

从图 10.4 中可以看出它的工作机制：对于误差 $e(t)$，对它实施比例、微分、积分计算或者三者中两者组合计算，得出一个新的输出信号 $u(t)$ 送给执行机构，然后执行机构驱使对象作业输出 $c(t)$。为了确定 $c(t)$ 是否与预期计划相符，将其返回检验。如此循环重复，直到误差符合预设的效果。

10.2.2 PID 控制的微分方程与传递函数

比例、微分和积分都具有线性特征，因此 PID 控制是一种线性控制环节，其方程为

$$u(t) = K_P \left[e(t) + \frac{1}{T_I} \int_0^t e(t) \mathrm{d}t + T_D \frac{\mathrm{d}e(t)}{\mathrm{d}t} \right]$$

式中，$e(t) = r(t) - c(t)$，K_P 是比例系数，T_I 是积分系数，T_D 是微分系数。

对微分方程作 0 条件拉氏变换，即能得到系统的传递函数 $D(s)$：

$$D(s) = \frac{U(s)}{E(e)} = K_P \left[1 + \frac{1}{T_I s} + T_D s \right]$$

很多初学者纠结 PID 控制的那个微分方程是怎样来的。这里需要说明一下：它不是某个推理过程得到的，而是科技人员设计出来的——是科技人员总结了大量实践经验后，归纳出来的。很多时候，人们也把 PID 控制的微分方程写为以下形式：

$$u(t) = K_\mathrm{p}e(t) + K_\mathrm{I}\int_0^t e(t)\mathrm{d}t + K_\mathrm{d}\frac{\mathrm{d}e(t)}{\mathrm{d}t}$$

10.2.3　PID 控制各校正环节的作用

比例环节 P、积分环节 I 和微分环节 D 都能实现校正调节作用。

(1) 比例环节。即时成比例地反映控制系统的偏差信号 $e(t)$，偏差一旦产生，调节器立即按照比例方式产生控制作用以减小偏差。增加比例系数可加快系统的响应速度，减小稳态误差；但比例系数太大会影响系统的稳定性。

(2) 积分环节。主要用于消除静差(系统稳态误差)，提高系统的无差度。积分作用的强弱取决于积分时间常数 T_I，T_I 越大积分作用越弱，反之则越强。因为积分项会随着时间而"积"得较大，这样将它加上后就会减少误差。但积分作用太大，会使系统的稳定性变差。

(3) 微分环节。能反映偏差信号的变化趋势(变化速率)，并能在偏差信号的值变得太大之前，在系统中引入一个有效的早期修正信号，从而加快系统的动作速度，减小调节时间。微分常数越大，微分作用越强。微分作用能够反映误差信号的变化速度。变化速度越大，微分作用越强，从而有助于减小震荡，增加系统的稳定性。但是微分作用对高频误差信号(不管幅值大小)很敏感。

10.2.4　PI、PD、PID 组合控制

在工程控制中，PID 的三个控制作用常常进行组合使用，形成 PI、PD 或 PID 组合控制。

(1) PI 控制。一般来说，当仅有比例控制时，系统输出存在稳态误差(steady-state error)。对一个自动控制系统，如果在进入稳态后存在稳态误差，则称这个控制系统是有稳态误差的，或简称有差系统(system with steady-state error)。为了消除稳态误差，通常需要引入积分控制项。积分项是一个关于误差对时间的积分，取决于积分的时间，随着时间的增加，积分项会增大。这样，只要有误差存在，即便很小，积分项也会随着时间的增加而加大，结果是推动控制器的稳态误差进一步减小，直到等于零。因此，比例+积分(PI)控制器，可以使系统在进入稳态后无稳态误差。

(2) PD 控制。一些自动控制系统在克服误差的调节过程中可能会出现振荡甚至失稳，其原因是存在有较大惯性组件(环节)或有滞后(delay)组件，具有抑制误差的作用，其变化总是落后于误差的变化。解决的办法是使这种抑制误差的作用变化"超前"，即在误差接近零时，从而消除对误差的抑制作用。此时仅靠比例项是不够的(因为比例项的作用是放大误

差的幅值)，需要增加微分项(微分项能预测误差变化的趋势)。使用比例+微分(PD)的模式，就能够提前使抑制误差的控制作用等于 0，甚至为负值，避免被控量的严重超调。一般对有较大惯性或滞后的被控对象，比例+微分(PD)控制器能改善系统在调节过程中的动态特性。

(3) PID 控制。在 PI 或 PD 控制都不能有效解决问题时，PID 成为最后选项。它综合了 P、I、D 三个方面的特征，综合调整系统稳定性。

10.3　数字 PID 控制

前一节介绍了 PID 控制的概略。本节主要介绍其数字化实现的过程。根据计算机数据处理的基本原则和数值计算的原理，任何连续信号函数在送给计算机处理以前，都必须离散化才能被计算机处理。离散化的目的是将连续的时间区间分划为若干子区间。这个思路与计算定积分前将连续函数离散成多个曲边矩形的思路是一脉相承的。

10.3.1　数字 PID 的差分方程

数字 PID 控制器主要采用离散化的方法将时间区间细化，方便在每个小区间上进行 PID 处理。表 10.1 给出了相应的离散化方法。

表 10.1　模拟 PID 控制规律的离散化

模拟形式	离散化形式
$e(t) = r(t) - c(t)$	$e(n) = r(n) - c(n)$
$\dfrac{\mathrm{d}e(t)}{\mathrm{d}T}$	$\dfrac{e(n) - e(n-1)}{T}$
$\displaystyle\int_0^t e(t)\mathrm{d}t$	$\displaystyle\sum_{i=0}^n e(i)T = T\sum_{i=0}^n e(i)$

表 10.1 中，参数 n 是将时间参数 t 离散后的时间节点。假如 $t_0 = 0$，按照固定间隔划分时间区间，则 n 是第 $n+1$ 个时间点。

离散后描述系统的方程是差分形式，即数字 PID 控制器的方程是如下形式的差分方程

$$u(n) = K_\mathrm{P}\left\{e(n) + \frac{T}{T_\mathrm{I}}\sum_{i=0}^n e(i) + \frac{T_\mathrm{D}}{T}\left[e(n) - e(n-1)\right]\right\} + u_0$$

$$= u_\mathrm{P}(n) + u_\mathrm{I}(n) + u_\mathrm{D}(n) + u_0$$

式中，$u_\mathrm{P}(n) = K_\mathrm{P}e(n)$，称为比例项，$u_\mathrm{I}(n) = K_\mathrm{P}\dfrac{T}{T_I}\sum\limits_{i=0}^n e(i)$，称为积分项，$u_\mathrm{D}(n) = K_\mathrm{P}\dfrac{T_\mathrm{D}}{T}$ $\left[e(n) - e(n-1)\right]$，称为差分项，$u_0$ 是初始项。

10.3.2　常用的控制方式

PID 的三种不同调节控制模式以 P 为基础，可以单独使用其一、联合使用其二、联合使用其三。据此可知，PID 的控制方式有以下组合。

(1) P 控制：$u(n) = u_P(n) + u_0$

(2) PI 控制：$u(n) = u_P(n) + u_1(n) + u_0$

(3) PD 控制：$u(n) = u_P(n) + u_D(n) + u_0$

(4) PID 控制：$u(n) = u_P(n) + u_1(n) + u_D(n) + u_0$

实际应用中，PID 就是通过调整 K_P、T_I 和 T_D 三个参数来实现的，这里不再赘述。

10.3.3　PID 算法的两种类型

在 CCS 中，执行机构的运动有连续式和接力式两种类型。如步进电动机就是一个接力式的执行机构，是以每次转动多少个步距角来确定其当前运动的。接力式的运动看起来是自始至终都在连续不断地运动，但是它的整个运动是由若干接力段组成的。连续式的运动是自始至终一次完成的运动，阀门就是一个连续运动的执行器。设想这样一个情形：要通过控制阀门的水流量保持一个漏水水箱的水位，读者可以发现，阀门的开启，无论是从加大水量还是减少水量，都是连续进行的。

为了满足现实中存在接力与连续两种运动方式的需要，PID 控制器提供两种控制方法(算法)：位置型控制用于对连续运动的控制，增量型控制用于对接力运动的控制。用差分方程表示，两种类型分别如下。

(1) 增量型控制的差分方程为

$$\Delta u(n) = u(n) - u(n-1)$$
$$= K_P\left[e(n) - e(n-1)\right] + K_P\frac{T}{T_I}e(n) + K_P\frac{T_D}{T}\left[e(n) - 2e(n-1) + e(n-2)\right]$$
$$= a_0 e(n) + a_1 e(n-1) + a_2 e(n-2)$$

式中，$a_0 = K_P\left(1 + \dfrac{T}{T_I} + \dfrac{T_D}{T}\right)$，$a_1 = -K_P\left(1 + \dfrac{2T_D}{T}\right)$，$a_2 = -K_P\dfrac{T_D}{T}$。

(2) 位置型控制的差分方程为

$$u(n) = K_P\left\{e(n) + \frac{T}{T_I}\sum_{i=0}^{n} e(i) + \frac{T_D}{T}\left[e(n) - e(n-1)\right]\right\} + u_0$$

从两个方程的形式可以看出，位置式 PID 控制用到了误差的累加值，因此其输出与整个过去的状态有关；增量式 PID 的输出只与当前步和前两步的误差有关，因此位置式 PID 控制的累积误差相对更大。

位置型的差分方程也可以写成递推的形式：

$$u(n) = u(n-1) + \Delta u(n) = u(n-1) + a_0 e(n) + a_1 e(n-1) + a_2 e(n-2)$$

可以看出，它是在上一步的基础上增加了一个增量，这也印证了它的连续运动姿态。

两种不同类型的控制算法，也对执行机构有不同的要求。增量型算法输出的是控制量增量，无积分作用，适用于执行机构带积分部件的对象，如步进电动机等；而位置式 PID 适用于执行机构不带积分部件的对象，如电液伺服阀。由于增量式 PID 输出的是控制量增量，如果计算机出现故障，失误动作的影响较小，如执行机构本身有记忆功能，可仍保持原位，不会严重影响系统的工作；位置式的输出直接对应对象的输出，因此对系统影响较大。

10.4　其他 PID 控制技术

PID 算法已经应用了近百年。在长期的生产实践中，人们在应用这个算法时，也发现了它的一些不足并逐步提出了多种改进模型，例如微分环节的改进模型、积分环节的改进模型以及比例环节的改进模型等。此外，在选择 PID 的参数时，也有许多非常具体的理论与实践问题。

10.4.1　标准 PID 算法的改进

实践过程中，人们发现 PID 控制的每个环节都会出现一些问题。例如，微分环节输出的控制量 $K_P \dfrac{T_D}{T}[e(n) - e(n-1)]$ 是一个需要两节拍的计算。如果在 PID 控制器输出的第一节拍控制量中即加入微分的作用，控制器对作用于偏差的扰动过分敏感，从而使控制系统抗干扰能力下降。此外，微分环节有抑制偏差变化的特性。于是有工程技术人员在微分环节后面增加一个惯性环节，如图 10.5 所示。

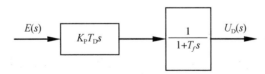

图 10.5　改进微分环节

这样，该环节的传递函数为

$$\frac{U_D(s)}{E(s)} = \frac{K_P T_D s}{1 + T_f s}$$

转换为差分方程为

$$u_D(n) = \frac{T_f}{T + T_f} u_D(n-1) + \frac{K_P T_D}{T + T_f}[e(n) - e(n-1)]$$

从式子中可以看出，分母增大了，从而减少了部分不利因素。PID 算法的改进还表现在积分和比例环节，读者可参考专业文献了解，这里不再赘述。

10.4.2　数字 PID 参数的选择

PID 控制器参数的调整与设定是 PID 控制系统设计的核心内容，它根据被控过程的特性确定 PID 控制器的比例系数、积分时间和微分时间的大小。PID 控制器的参数调整没有通用的方法，通常需要依靠设计者选定的 PID 控制器并根据具体的工作环境来调试。

在长期的工程实践中，工程技术人员总结出两大类 PID 控制器参数调整设定的方法：①理论计算整定法。它主要是依据系统的数学模型，经过理论计算确定控制器参数。这种方法所得到的计算数据未必可以直接用，还必须通过工程实际进行调整和修改。②工程整定方法。它主要依赖工程经验，直接在控制系统的试验中进行，且方法简单，易于掌握，在工程实际中被广泛采用。

PID 控制器参数的工程整定方法主要有临界比例法、反应曲线法和衰减法，三种方法各有其特点，其共同点都是通过试验，然后按照工程经验公式对控制器参数进行整定。但无论采用哪一种方法所得到的控制器参数，都需要在实际运行中进行最后调整与完善。现在一般采用的是临界比例法，利用该方法进行 PID 控制器参数的整定步骤如下。

(1) 首先预选择一个足够短的采样周期让系统工作。

(2) 仅加入比例控制环节，直到系统对输入的阶跃响应出现临界振荡，记下这时的比例放大系数和临界振荡周期。

(3) 在一定的控制度下通过公式计算得到 PID 控制器的参数。

除了比例、积分和微分的参数以外，PID 控制系统的采样周期是一个很重要的参数。一般来说，采样周期越小，数字模拟越精确，控制效果越接近连续控制。对大多数算法，缩短采样周期可使控制回路性能改善，但采样周期缩短时，频繁的采样必然会占用较多的计算工作时间，同时也会增加计算机的计算负担，而对有些变化缓慢的受控对象无须很高的采样频率即可满意地进行跟踪，过多的采样反而没有多少实际意义。选择采样周期的总原则是采样定理，同时也要综合考虑多种因素，如给定值的变化频率、被控对象的特性、控制的回路数，等等。

10.4.3 数字 PID 控制的工程实现

基于 PID 算法的原理和思想，目前已经开发了很多 PID 控制器产品，这些产品就像 PLC 控制器一样，应用在各个控制工程领域。工程技术人员只要根据产品的使用说明和所要实现的控制目的进行接线、测试、调试，基本就能够实现控制目的，其大体处理过程如图 10.6 所示。

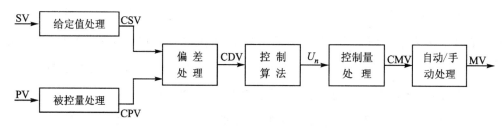

图 10.6 工程 PID 处理流程图

10.4.4 自行开发 PID 控制

PID 控制原理和方法，不仅体现在工业化产品的应用，而且体现在科学技术研究之中。利用 PID 算法编写有特色的控制系统程序是控制工程领域工程技术人员的经典研究内容之一。一些商用的软件如 Matlab 还专门针对 PID 控制提供了仿真、调试等虚拟开发环境，其效果与真实作业环境几乎一样。许多技术人员事先通过这些仿真环境调试好所需 PID 控制的设计和参数，然后应用于工程环境。相关的细节，读者可以在一些专门针对 PID 编程和仿真开发的文献中找到，这里仅仅给出一个提示，不再赘述。

第 11 章　一个机电控制系统案例

本章介绍笔者指导的研究生设计的一个仿生机器人机电系统及其控制系统。

11.1　机械系统的设计

机器人的机械机构是由一根曲轴带动三对足转动，在任何时候一边的主动足、从动足跟另一边的辅助足构成一个三角形机构，从而确保行走的时稳定。

行走机构(见图 11.1)，由支架 R32R12L12L32、曲轴 J3O3J2J1O1 可抬腿进退足系、抬腿支地足系，以及连杆 L13G1、R13G2、L23J2、R23J2、L33J3、R33J3、F1F2、F3F4 组成。曲轴通过活动铰链 O1、O3 固定连接在支架 R32R12L12L32 上，并视曲轴长度在适当位置加强固定(如 O2)。L12、L22、L32、L13、L23、L33、R12、R22、R32、R13、R23、R33 以及 G1、G2、J1、J2、J3、F1、F2、F3、F4 均为活动铰链。这些活动铰链是连接前述杆件、支架和足系的关节。

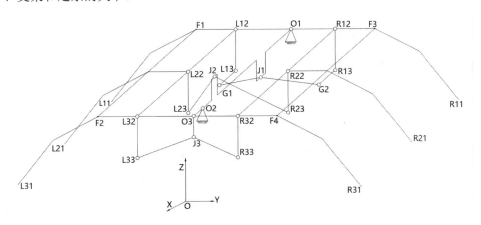

图 11.1　"尖兵一号"机械简图

可抬腿进退主动足系亦称前足，由 L11F1L12L13G1 及相关连接组成，须成对对称布置(如 R11F3R12R13G2)。L12L13G1 与 XOZ 面平行，L11F1L12L13 与 YOZ 面平行。L12L13G1 可绕 F1L12 转动，L13G1 可绕 L12L13 转动。

抬腿支地足系亦称中足，须成对对称布置。整个为平面机构，与 YOZ 面平行。整个机构可绕铰链 L22 在 YOZ 面的法线转动。

可抬腿进退从动足系亦称后足，须成对对称布置。整个为平面机构，与 YOZ 面平行。

整个机构可绕铰链 L22 在 YOZ 面的法线转动，还可以绕 L22L23 转动。所示例子中，足系 L23L22L21 与足系 L33L32L31 相同。

曲轴须由至少三个两两相位差为 180°的曲凸组成，实例为 3 个。视爬行足数量的增加，曲凸可以增加到多个。

作业原理为：曲轴转动时，以顺时针转动为例，连杆 J1G2 拉动 G2R13R12R11 绕 R12R13 顺时针转动，使足端 R11 向 X 轴方向产生位移。与此同时，连杆 J1G1 推动 G1L13L12L11 绕 L12L13 顺时针转动，使足端 L11 向 X 轴反方向产生位移。这两个位移是沿着 X 轴的位移源。F1F2、F3F4 连接前足与后足，使得前足与后足同步前进。曲轴转动时，以顺时针转动为例，如限制 G2R13 绕 R12R13、G1L13 绕 L12L13 的转角范围，则一方面限制足端 L11、R11 在 X 轴上的位移大小，另一方面在达到所限制转角极限后，可使 J1G1 推动 G1L13L12L11 绕 L12L22 转动，使足端 L11 离地悬空，与此同时 R11 着地形成一个支点。曲轴转动时，以顺时针转动为例，连杆 J2R23 推动 R23R22R21 绕 R12R32 逆时针转动，使得足端 R21 悬空；与此同时连杆 J2L23 拉动 L23L22L21 绕 L12L32 逆时针转动，使得足端 L21 支地。足系 L31L32L33 与足系 L21L22L23 连接在相位相反的曲凸上，故 L21 支地时 R31 也支地，形成第三个支地点。R11、L21 与 R31 形成三点支地，确保系统稳定。曲轴反时针转动时，使得六足中的另外三个足支地，实现交替行走。控制曲轴正运动，可实现连续爬行。当曲轴曲凸半径适度时，控制曲轴转动也可实现连续爬行。

按照上述原理制作的机械结构如图 11.2 所示。

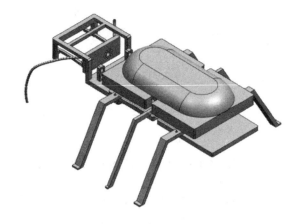

图 11.2　机器人的机械结构

11.2　机器人的控制系统设计概要

该系统主要采用无线遥控控制机器人启动、制动、前进、左转、右转、加速。以 AT89S51 为核心的控制电路，采用模块化的设计方案，与振荡电路、复位电路、电源电路构成单片机的最小系统。其他各模块围绕单片机最小系统展开，其中包括驱动模块、红外遥控模块和接收模块。利用红外无线遥控，通过开关按键控制的启动和停止，能够实现爬行机器人的制动、左转、右转和前进以及加速等功能，系统总架构如图 11.3 所示。

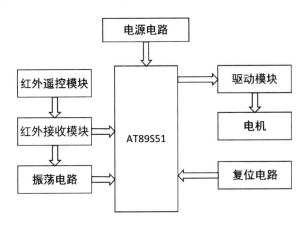

图 11.3　控制系统总体架构图

11.2.1　单片机最小系统

本次设计采用的是 AT89S51 芯片，它内部自带 4KB 的 Flash 程序存储器，一般情况下，这 4KB 的存储空间足够使用。为了给单片机供电，采用 LM7805 稳压芯片来提供稳定的 5V 工作电压，同时考虑到驱动电路模块需要 7.2V 的供电电压，这里提供了 7.2V 电压输入和输出端口，如图 11.4 所示。振荡电路由一个 12MHz 的晶振和两个 33PF 的小电容组成，它们决定了单片机的工作时间精度为 1 微秒。复位电路由 22μF 的电容和 1kΩ的电阻组成，其好处是在满足单片机可靠复位的前提下降低了复位引脚的对地阻抗，可以显著增强单片机复位电路的抗干扰能力。

图 11.5 所示是单片机最小系统工作原理图。

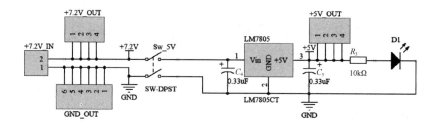

图 11.4　供电电路

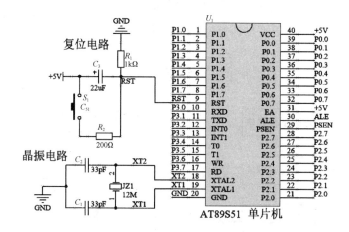

图 11.5　单片机最小系统原理图

11.2.2　电动机的选择

微型齿轮减速电动机常用于制作智能小车、微型的智能机器。因为微型齿轮减速电动机有结构紧凑、体积小、造型美观、承受过载能力强等特点，加之传动比分级精细，选择范围广，能耗低，性能优越，减速器效率高达 96%，振动小，噪声低等特点，所以微型齿轮减速电动机通用性强。新型的微型齿轮减速电动机产品采用新型的密封装置，保护性能好，对环境的适应性强，可在一些腐蚀、潮湿等恶劣环境中连续工作。因此微型齿轮减速电动机用途非常广泛，例如应用于智能家居、汽车传动、工业自动化、精密医疗器械、电子产品等领域。

鉴于微型齿轮减速电动机的各种性能优势以及六足爬行机器人的体积、负重能力、爬行速度情况，选择电压为 6～12V，输出转速为 200～300r/min 的 GA12-N20 微型齿轮减速电动机，如图 11.6 所示。

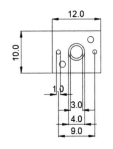
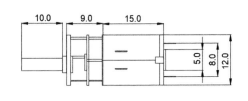
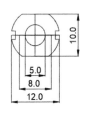

图 11.6　微型齿轮减速电动机

11.2.3　电动机驱动模块

由于单片机的输出电压范围为 2.1～3.0V，所以要控制 6～12V 微型齿轮减速电动机，需要驱动模块来驱动电动机正常运行。常用的电动机驱动电路有采用功率三极管作为功率放大器的输出控制直流电动机，其线性驱动电路结构和原理简单，加速能力强；采用由达林顿管组成的 H 型桥式电路，用单片机控制达林顿管使之工作在占空比可调的开关状态下，精确调整电动机转速。后一种电路由于工作在管子的饱和截止模式下，效率非常高，带负载能力强。

采用集成 H 桥 L298N 电路驱动电动机如图 11.7 所示。图中 IN1、IN2、IN3、IN4 为数据输入引脚，分别与单片机的 P1.0、P1.1、P1.2、P1.3 连接，从单片机内输入控制信号。OUT1、OUT2、OUT3、OUT4 为数据输出引脚，分别接电动机 1 和电动机 2。通过调节 IN1、IN2、IN3、IN4 之间输入的高低电平的变化来实现电动机 1 和电动机 2 的正反转动，可实现爬行机器人的前进、制动、左转、右转和加速等功能。当 IN1 输入低电平，IN2 输入高电平时，电动机 1 正转；当 IN2 输入低电平，IN1 输入高电平时，电动机 1 反转；当 IN1、IN2 均输入高电平时，电动机处于制动状态；当 IN3 输入低电平，IN4 输入高电平时，电动机 2 正转；当 IN4 输入低电平，IN3 输入高电平时，电动机 2 反转；当 IN1、IN2 均输入高电平时，电动机不工作。若要对电动机进行 PWM 调速，须设计 IN1、IN2、IN3、IN4，确定电动机的转动方向，然后对使能端 ENA、ENB 输出 PWM 脉冲，即可实现调速。D2～D9 是保护二极管(IN4007)，用于释放电动机紧急制动停车时产生的反向尖峰电势，起到保护 L298N 不被损坏的作用。

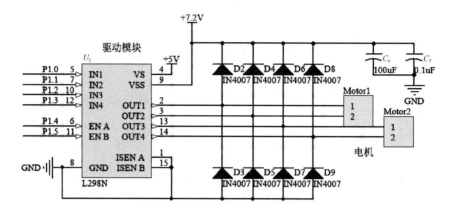

图 11.7　电动机驱动电路

11.2.4　红外遥控模块的电路设计

红外遥控系统主要分为调制、发射和接收三部分。红外遥控芯片将红外码调制成合适的脉冲信号经红外发射二极管发射红外编码，由红外接收器把接收到的信号处理后输出给单片机，框图和系统分别如图 11.8、图 11.9 所示。

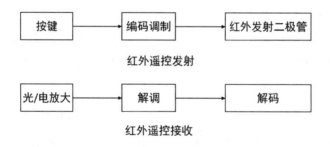

图 11.8　红外遥控系统框图

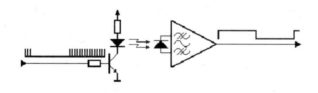

图 11.9　红外遥控系统

红外遥控发射数据时采用调制的方式，即把数据和一定频率的载波进行"与"操作，这样可以提高发射效率和降低电源功耗。调制载波频率一般在 30kHz～60kHz，大多数使用的是 38kHz，占空比为 1/3 的方波。常用红外控制器件为红外遥控芯片 HT6221。HT6221 采用 455kHz 的晶振，利用分频电路将红外码调制成 38kHz 的脉冲信号，通过红外发射二极管发出红外编码。红外码共有 32 位(起始码、结束码、用户码数据码和数据反码)，D11 是红外发射二极管，D10 是按键指示灯，当有按键按下时 D10 点亮。各个开关按键的功能分别为：K1 前进，K2 左转，K3 右转，K4 制动，K5、K6 加速。设计如图 11.10 所示。

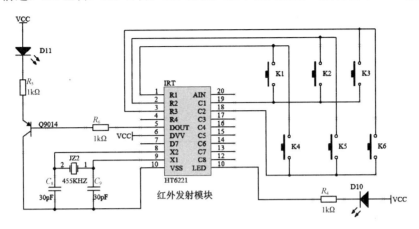

图 11.10　红外发射电路图

红外接收电路通常被厂家集成在一个元件中，成为一体化红外接收头，如图 11.11 所示。内部电路包括红外监测二极管、放大器、限幅器、带通滤波器、积分电路、比较器等。红外监测二极管一旦监测到红外信号，会把信号送到放大器和限幅器，限幅器把脉冲幅度控制在一定的水平，而不管红外发射器和接收器的距离远近。交流信号进入带通滤波器，带通滤波器可以通过 30kHz～60kHz 的负载波，通过解调电路和积分电路进入比较器：比较器输出高低电平，还原出发射端的信号波形。注意，输出的高低电平和发射端是反相的，这样做的目的是提高接收的灵敏度。该模块使用红外接收头 1838 有三个引脚，包括供电脚、接地和信号输出脚。1 端是解调信号的输出端，直接与单片机的 P3.2 口相连。有红外编码信号发射时，经红外接头处理后，输出为检波整形后的方波信号，并直接提供给单片机，执行相应的操作来达到控制电动机的目的。

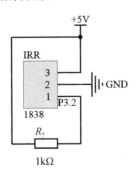

图 11.11　红外接收电路图

11.2.5 总体的流程框图

基于前述各个模块，系统总的作业流程图如图11.12所示。首先启动电源，接着用红外遥控通过按键控制爬行机器人的运动状态。在此需要先判断遥控按键是否被按下，若红外接收模块检测到有按键按下，会将检测信号传入单片机进行解码，并判断按键是左转、右转、加速、制动还是前行；若红外接收模块没有检测到有按键按下，则继续进行红外接收检测，此时爬行机器人的电动机状态为静止。

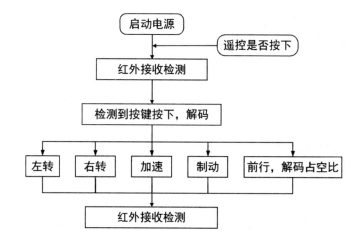

图 11.12 遥控原理流程图

参 考 文 献

[1] 高歌. Altium Designer 电子设计应用教程[M]. 北京：清华大学出版社，2011.

[2] 何克忠，李伟. 计算机控制系统[M]. 2 版. 北京：清华大学出版社，2015.

[3] 范立南，李雪飞. 计算机控制技术[M]. 2 版. 北京：机械工业出版社，2015.

[4] 葛宜元 魏天路. 机电一体化系统设计[M]. 2 版. 北京：机械工业出版社，2020.

[5] 周润景，井探亮. 常用驱动电路设计及应用[M]. 北京：电子工业出版社，2017.

[6] 李伟，赵纪国，李瑞芳. 机电传动控制[M]. 北京：化学工业出版社，2020.

[7] 朱小春. 驱动电动机及控制技术[M]. 北京：清华大学出版社，2017.